# 東電・原発副読本

## 3・11以後の日本を読み解く

橋本玉泉

TEPCO and a nuclear power plant Side reade

鹿砦社

●東電・原発副読本●

# 第1章　唯一の稼働中原発差し止め判決とその意味

## ほとんどが退けられてきた原発に対する住民訴訟

日本において原子力発電施設（原発）の安全性について疑問視した地域住民などが、その稼動や設置の差し止めを訴える訴訟は、全国各地でいくつも起こされている。しかし、そうした原発関連訴訟のほとんどは、住民敗訴という結果に終わってしまうケースが大部分である。いわば、「原発訴訟は負けるのが常識」という状況になってしまっているのが現状だ。

だが、すべての原発訴訟がことごとく原告敗訴というわけではない。高速増殖炉「もんじゅ」にかかわる訴訟では、裁判所は住民の訴えを支持する判断を下した。その後、「もんじゅ」訴訟は上級審で住民側逆転敗訴となったが、現在でも住民たちによる問題提起や反対運動は続けられている。

そしてさらに、営業中の原発が裁判所から運転差し止めを命じられた判決がただ一つだけ存在する。住民からの「当該する原発の安全性に疑問あり」との声を、担当する裁判官がつぶさに検証し、すでに稼動していた原発の運転をやめるよう判断した判決に至った事例である。

その数少ない原告勝訴、原発運転差し止めの例は、一九九九年に提訴された、北陸電力志賀原発二号機を対象とした訴訟である。北陸電力志賀原発訴訟には、すでに八八年に提訴された一号機訴訟があるが、こちらは一審で請求棄却。二審でも控訴が棄却され、二〇〇〇年に最高裁で住民側敗訴が確定した。だが、その一方で二号機訴訟のほうは、二〇〇六年三月に運転差し止めという画期的ともいえる判決が実現した。

その判決を下した裁判官は、当時の金沢地方裁判所に在籍していた井戸謙一判事である。

井戸氏は大阪府堺市の出身。東京大学教育学部を卒業後、一九七九年四月に裁判官に任官。いくつかの裁判所で勤めた後、二〇一一年三月三十一日をもって退官。その後は弁護士に転身し、現在は滋賀県彦根市のたちばな法律事務所に所属している。その井戸弁護士に、金沢地裁の裁判官時代に下した、志賀原発二号機差し止め判決についてうかがった。

## 志賀原発二号機運転差し止め訴訟のあらまし

北陸電力志賀原発二号機訴訟とは、一九九九年八月に同機の運転差し止めを求めて十六都府県の一三二人が提訴した裁判である。原告の大部分は石川県および富山県の住民で、それ以外は、新潟県が四名、東京都と静岡県が各二名、福島県、岐阜県、愛知県、滋賀県、奈良県、神奈川県、大阪府、兵庫県、岡山県、広島県、熊本県が各一名となっている。

志賀原発二号機は、九三年五月に北電が県などに建設を申し入れた。その後、九九年に三月に原子力安全委員会と原子力委員会から原子炉等規制法が定める要件に適合していると認められ、八月に着工。二〇〇五年四月に試運転を開始した。二号機の建設に要した費用は、約四二五〇億円に及んだ。

つまり、着工とほぼ同時期に住民による訴訟が起こされたというわけである。

まず、原告住民たちが主張する二号機差し止めの理由は、次の三点である。

①放射線を外部放出させる事故（原因が地震である場合を除く）が発生する危険があること。

②地震が原因となって放射線を外部放出させる事故が発生する危険があること。

③諸般の事情の総合考慮によって差し止めるべきこと。

また、今回の訴えが「人格権または環境権に基づくもの」と主張する。その「人格権」について、「人間の健康の維持と人たるにふさわしい生活環境の中で生きていくための権利というきわめて根源的な内実を持った権

井戸謙一氏

利」であるとする。

さらに「環境権」については、「憲法十三条・二十五条を根拠とし、人が健康で快適な生活を維持するために必要な良き環境」を確保する権利であると原告は説明する。この場合の「環境」とは、自然環境は言うまでもなく、社会的ならびに文化的環境もその範囲に含まれる。

そして、人間は健康かつ健全で安全が確保された状況を求めるものであり、それを侵害される、またはその可能性がある場合には差し止めを請求することができるという考え方である。つまり、そうした人格権と環境権を侵害する可能性が否定できない原発の運転の差し止めを求めるものであるとしている。

これに対して被告である北陸電力の主張は、そのすべてを否定するものだった。すなわち、「原告である住民たちの根拠とする人格権なるものは、差止請求の根拠となる可能性はあるだろうが、環境権のほうは、実定法つまり現実に制定された法律の上での根拠は何一つない」と主張。そして「その環境権の概念や権利の内容、成立要件、法律効果などが全く不明瞭であり、これに基づく差止請求は許されない」とした。

そして、北陸電力は「原発は安全」という主張を繰り返していくことになる。その根拠は、国が定めた耐震設計審査指針である。

さて、原告が二号機の建設差し止めを提訴した当初、新聞報道はきわめて小さな扱いだった。おそらくこの時、マスコミの多くは、後にこの訴訟が日本の原発訴訟の中でも大きな意味を持つ、画期的な判決になろうなどとは夢にも思っていなかったのではなかろうか。

## 志賀原発二号機運転差し止めまで

井戸氏がこの志賀原発二号機運転差し止め訴訟を担当するようになったのは、金沢地裁に着任した二〇〇二年三月のことだった。裁判官の異動によって、井戸氏が受け継ぐことになったわけである。

そのときの第一印象を、井戸氏は「『大変なことになった』と思いました」と話す。

井戸氏は文系の出身で、物理学関係の専門知識はほとんど持ち合わせていなかった。だが、裁判で担当する以上、それをカバーできるだけの範囲を勉強していかなくてはならなくなった。

「それまでの裁判資料は膨大で、しかも専門的でわからない内容でした。本当に、大変なものを担当することになったと痛感したことを覚えています」

現在では、民事訴訟については専門委員制度というものが設置されている。二〇〇三年の民事訴訟法の一部改正にともなって導入された制度で、訴訟を進めるために必要と考えられる専門的な知識について、研究者などの専門家がアドバイザー的な立場からサポートすることで、裁判所がカバーしきれない知識や情報を補うものである。二〇〇四年から実施されている制度だが、当時はまだそうした制度がなかった。したがって、裁判官がすべて初歩の初歩から勉強して、判決まで導き出さなくてはならなかったのである。

その日から、井戸氏の厳しい日々が始まった。裁判資料は大変な量だったが、次第に慣れていった。また、法廷に証人として立つ専門家たちの説明もわかりやすかった。そのため、裁判が進むにつれ、原発やその周辺の状況についても理解が進むようになっていった。

さて、日本では数多くの原発関連の裁判が起こされている。しかし、そのほとんどが原告敗訴の判決ばかりである。原告の訴えが認められたのは「もんじゅ」の一審判決のみであった。つまり、裁判の上でもまた、日本国内にある原発は、安全性という点ではおおむねその基準を満たしており、少なくともただちに停止あるいは運転差し止めなどの措置を取る必要は認められないという判断が多くを占めていたと言えよう。

## 都合のいいことばかり主張する北陸電力

井戸氏が最初に疑問を持ったのは、原発の持つ耐震強度であった。そして、それが結局は、この訴訟を稼動差し止めすなわち原告勝訴へと導くポイントとなっていった。

この地震の多い日本で、原発が信頼できる耐震設計となっているかどうかは非常に重要なポイントとなる。

被告である電力会社は、「国が定めた基準に基づいた設計になっており、さらにそれを充足させているのだから、設置されている原発は高い安全性を有している。国の指針にしたがっているのだから、安全性に何ら問題はない」という旨の主張を繰り返した。国が定めた震災その他災害などについての原発に関する基準は、他の一般的な建造物に比べて非常に厳しく設定されている。原子炉の本体も、圧力容器や格納容器によって何重にも防護されている。その指針については、東大をはじめとした一級の研究者たちが決めている。そこまで厳しく規制されているものであれば、安全性については十分に考慮されているはずであるとの考えだ。

つまり当時から、「国が決めた指針に従っていれば安全である」という考えが大前提として存在していた。そして、それを覆すような判決はほとんどなかったのである。

もちろん、原告住民は安全性についてのさまざまな指摘を重ねる。数多くの書面を提出し、証人として法廷に立つ研究者や専門家も、科学的、実証的な見地から原発の安全性について指摘し、疑問を呈する。しかし、原告側がどんなに論理的な指摘や論述を重ねようとも、最終的には「国の指針に則っている以上、安全性は疑いようがない」という判断が下されてしまうのであった。

だが、その国の基準、指針そのものに本当に問題はないのか。井戸氏は国が定めた指針そのものをつぶさに調べていった。

この、北陸電力が安全性の根拠としていた「耐震設計審査指針」だが、専門的な用語が多く、また引用されている事例も一般には馴染みのないものばかりである。予備知識のない者が一読して、ただちに理解できるようなものではないだろう。それを理解し判断材料とするには、かなりの労力と時間がかかったことは、想像に難くない。

さて、井戸氏が着目したのは、国の原子力安全委員会が定めたこの「耐震設計審査指針」である。正式名称は「発電用原子炉施設に関する耐震設計審査指針」で、その内容は、原子力発電施設が影響を受けると考えられ得る最大の地震を断層調査などから想定し、その該当する震災をこうむった場合でも放射能漏れ事故が起きないレベルの強度を有する設計を求めるものである。

そして、裁判が進むにつれ、この「耐震設計審査指針」、そして北陸電力の姿勢に対して、疑問に感じる部分が次第に大きくなっていった。

まず、「耐震設計審査指針」が一九七八年に策定されたまま、基本的な改訂もなされないまま用いられている点である。今日、科学技術は日進月歩で発展している。技術の躍進や調査分野など、あらゆる点において目覚しい進歩と発展を遂げている。にもかかわらず、二十年以上を経過した「指針」をそのまま用いているというのは、どういうことなのであろうか。

さらに、長年にわたる地震データと「耐震設計審査指針」との適合性である。

北陸電力は、志賀原発二号機について、「指針」に基づいた評価を行っていた。つまり、同機が影響を受ける断層帯を、七尾市からかほく市までに存在し、同機の東側を南北に走っている「邑知潟断層帯」(約四十四キロメートル)のうち、その一部である「石動山断層」(約八キロメートル)のみを選んでいるに過ぎなかった。また、耐震については、マグニチュード六・五の直下型地震を想定していた。

この場合、北陸電力は自社による調査の結果、当該原発の敷地直下には活断層がないことを確認したとの報告を行っている。しかし、調査から見落とされた、あるいは調査によっても把握できなかった活断層が存在する可能性が考えられるため、その場合に備えて直下型地震を想定する。その際、耐震設計審査指針ではマグニチュード六・五を想定すれば十分と考えられており、北陸電力もまたこれに沿ったものである。

これに対して住民側は、二〇〇五年に国の地震調査研究推進本部が、邑知潟断層帯について「断層帯全体が活動する場合、三十年以内にマグニチュード七・六程度の地震が起こる確率は二%」と評価したことを提示。北陸電力による同機に対する耐震性についての評価が「誤りであり、安全性を立証できていない」と主張した。

つまり住民側は、過去において活断層が確認されていなかった場所でマグニチュード七を超える地震が複数回発生している事実を取り上げ、北陸電力そして耐震設計審査指針が示すマグニチュード六・五での想定ではその数値があまりに低いため、現実の耐震性をカバーするには不十分であると主張したわけである。

しかし、北陸電力側はこれに対して真っ向から反論。「断層帯全体を一連のものとして評価する必要はない」と説明し、二号機の「耐震設計の妥当性が損なわれることはない」と主張した。そして、「念のため、断層帯全体が活動する場合も検討した。だが、安全上の問題は認められなかった」と主張した。

双方の相違点をみると、北陸電力はあくまで原発の敷地直下について重視し、耐震設計審査指針による数値を想定していれば十分であるという考えである。邑知潟断層帯は志賀二号機の敷地からは数十キロ離れているため、同原発の敷地直下にあり得る活断層とは別である。それ故に、北陸電力は直下の活断層のみを想定してマグニチュード六・五という数値でも耐震設計の妥当性はあると考えたとしても、ありえないことではない。

しかし、断層帯全体が活動した場合、マグニチュード七・六の地震が起きる可能性が否定できないことは地震調査研究推進本部によって指摘されている。安全性を考慮するのであれば、さらに厳しい基準への見直しがなされてしかるべきであろう。にもかかわらず、なぜ北陸電力は「断層帯全体が活動する場合も検討したが、安全上の問題は認められなかった」などと主張したのだろうか。

さらに原告住民側は、二〇〇五年八月に発生した宮城沖地震を取り上げた。この地震の規模はマグニチュード七・二。これは地元宮城県にある東北電力女川原発における耐震基準の最大想定値を超えるものであった。同時に、「指針」をもとにした志賀原発二号機の基準の想定値も超えるものであることは言うまでもない。

ほかにも、二〇〇〇年に発生した鳥取県西部地震も同じくマグニチュード七・三など、「指針」が想定した最大数値、マグニチュード六・五を超える地震は、それが策定された後に何度も発生している。

このように、実際に「指針」が想定した耐震の最大想定値を超える地震が、現実に、しかも幾度も起きているのである。

しかし、こうした事実を突きつけられても、北陸電力はいっこうに動じなかった。そして、次のように主張した。

「確かに最大想定値を超える地震は発生している。だが、女川原発は自動停止し、放射能漏れなどの影響はなかった」

さらに、北陸電力はこう付け加えた。

「(指針が) 改訂された場合、その耐震指針への適合性を確認する」

まるで、「国が指針を改訂したらそれに従うが、いまは指針に従っているので何の問題もない」とでも言いたげな態度ではなかろうか。

その他、原告住民側は、北陸電力が行っている原発事故に備えての対策に不備がある可能性が高いことや、核燃料サイクルに危険性があること、さらに電力供給という点から従来の発電施設で十分であり、二号機の必要性が疑問視されることなどを主張した。それに対して北陸電力側は、「将来的な観点から、電力の安定供給は必要不可欠」などと、いわば教科書どおりの反論を繰り返すのみだった。事故防止対策についても、「十分な対策を講じている」との主張を重ねるのみだった。

ここでも、原子力を扱う側は、その他の訴訟と同様に「安全」を繰り返すばかりであり、その根拠となるのは国が定めた「指針」であった。

## 北陸電力の主張と国の「指針」はどれだけ信用できるのか

稼動中の原発を停止させるということは、そう簡単なことではないと考えられる。志賀二号機は、建設だけでも四〇〇〇億円を超える資金が使われている。また、電力供給というものは市民生活や企業活動、さらには鉄道などの公共事業に大きく影響を与える。

しかし、それでも人命というものを考えた場合、つまり安全性が確保されていない場合には、それは停止されなくてはならないものであろう。すでに、一九八六年に旧ソ連・ウクライナのキエフ郊外で起こったチェルノブイリ原発事故によって、いざ原発に非常事態が発生した場合には、予想をはるかに超えた被害が生じる可能性が否定できないことが現実のものとなった。チェルノブイリの事故では、放射能汚染などの被害はウクライナ国内だけに留まらず、周辺のベラルーシやロシアにも及んだ。そして、三共和国の住民二九万人が避難する事態となった。だが、月日の経過とともに甲状腺ガンや白血病などの発生例が増え続けており、いまなお具体的な被害がどれだけなのか、正確に把握できていないのが現状だ。チェルノブイリの事故によって、原発というものの及ぼす影響が、どれほど恐ろしいものか、そして危険を把握し、回避することが容易ではないことが、現状として理解できたはずであった。

ところが、それでも北陸電力は志賀二号機について、「安全対策は万全」と繰り返し、一歩も譲ろうとはしなかった。

たしかに、北陸電力はもちろん、日本各地の原発において、チェルノブイリのような重大事故は起きていない。しかし、それは大規模な地震や津波といった原発事故を引き起こす要因が発生していなかったというだけに過ぎないのではないか。そうした事態を経験し実際に対処できたのであればまだしも、対処経験もない災害に対してすら、北陸電力は「志賀二号機は安全」と繰り返すのみだった。そして、その根拠はやはり、一九七八年策定の「耐震設計審査指針」だった。

原発推進派の研究者たちは、これまで「原発の安全対策は厳格に実施されている」「原発は一般の建造物に比べて格段に厳しい基準で設計されている」と繰り返してきた。たとえば、原子力委員会委員長の近藤駿介氏は、『中央公論』一九九五年五月号掲載の対談「原子力発電所の安全管理とパブリック・アクセプタンス」の中で、次のように発言している。

「原子力発電所の場合、一万年間くらいの範囲で起きる地震を想定して設計しているわけですが（以後略）」

一万年間に起きる地震を想定していると言っておきながら、実際には二十年以上も前の古い「指針」に基づいている。国の機関や大学に在籍する学者たちがもっともらしいアナウンスを発信しながら、実際の現場では厳しい基準どころか古い基準を無批判に、検討することもなく踏襲しているだけ。こうした実態が、原発関係ではいくつも見えてくる。近藤氏は同じ対談で、「一言でいえば、『念には念を入れた』安全確保のシステムを用いているということです」と述べているが、どこが「念には念を入れ」ているのかがまったく理解できない。何を指摘しても、北陸電力は「国が決めた『耐震設計審査指針』に準じているから安全だ」という態度だったからである。

裁判の争点は、次の三点に絞られた。

①二号機の耐震設計。

②邑知潟断層帯を活断層として評価とすること。
③二号機に見られる設計上の安全性への疑問。

審理が進むほど、井戸裁判長は二号機差し止めへの意思が固まっていった。北陸電力は「危険が確認できないから安全」という姿勢であり、その安全を裏付けるものとして「耐震設計審査指針」を常に引き合いに出した。しかし、これはおかしい。「安全が確認されていないから危険」と見るべきなのではあるまいか。そして、「耐震設計審査指針」には論理的な疑問点が認められる。そう考えれば、やはり志賀二号機は稼動させてはならない。井戸氏はそう考えるに至っていた。

だが、営業中の原発に対する差し止めの判決は、前代未聞である。しかも、原発事業はたんなる企業活動とは違い、国策として位置づけられている。「日本の原発は安全」と主張する学者たちは、東大をはじめとする第一級といわれる研究者ばかりである。それに比べて、井戸氏は三年前まで原発に関する知識も関心もまったくなかった、いわば素人である。その素人が、電力会社にも、そして社会にも大きな影響を与えるであろう判決を下すのであるから、その重圧は大きかった。夜になっても寝付けないこともあり、真冬の一月だというのに布団の中で汗だくになることもあったという。

そして、判決の時は刻々と迫っていた。

## 主文「被告は、志賀原子力発電所二号原子炉を運転してはならない」

判決の日がやってきた。

二〇〇六年三月二十四日、金沢地裁の法廷は定刻の十時に開廷した。すでに傍聴席は埋め尽くされていた。ほどなく、井戸謙一裁判長以下、三名の裁判官が入廷した。そして、井戸裁判長が判決を読み上げた。

「被告は、石川県羽咋（はくい）郡志賀町赤住地区において、平成十一年四月十四日付通商産業大臣許可に係る志賀原子力発電所二号原子炉を運転してはならない」

法廷内は、一瞬、静まりかえった。そして次の瞬間、原告住民たちからは「信じられない」「勝ったぞ！」などの歓声が上がった。裁判理由を読み続ける井戸裁判長に向けて、傍聴席から身を乗り出した原告住民から拍手がわき起こったと当時の報道が伝えている。

さらに、被告である北陸電力はもちろん、原告である住民たちですら、「まさか主張が認められるとは思わなかった」という空気であったと、さまざまな記事が伝えている。

さて、この訴訟については、判決文だけでも一八三ページにもわたる。だが、判決の根拠となる三つの争点について、裁判所は次のような判断を下した。

**①二号機の耐震設計**

同機の耐震設計については、「直下地震についての想定が小規模すぎる」と指摘している。さらに「原発敷地での地震を想定する手法にも妥当性がない」として、耐震性については十分ではない可能性があると判断した。

**②邑知潟断層帯を活断層として評価すること**

地震調査委員会が二〇〇五年に行った評価について、「その内容に不備があるとは認められない」として、邑知潟断層帯全体が動く地震は考慮すべきであるとの結論を出した。

**③二号機にみられる設計上の安全性への疑問**

改良型である二号機は、配管がなくまた緊急炉心冷却装置が縮小されているなどの点について、北陸電力は「配管を用いないことにより破断の危険性がなくなった」「原子炉そのものを鉄筋コンクリートで格納したことにより、従来よりも安全性が向上した」などと主張していた。しかしこれについて、「危険性についての原告の主張は抽象的過ぎる」「事故が発生する具体的可能性についての立証が十分ではない」として、その主張を退けた。そして、原告住民側の「炉心溶融事故の可能性もある」「多重防護が有効に機能するとは考えられない」という主張を認めた。

判決文の終わりのほうに、次のような記述がある。

「原子力発電所で重大事故が発生した場合、その影響は極めて広範囲に及ぶ可能性があるというべきである」

二〇一一年の福島第一原発の事故によって、その「可能性」はまさに現実のものとなってしまったのである。

原告住民たちは、判決後に富山市にある北陸電力の本店を訪れ、判決にしたがって志賀原発二号機をただちに停止させること、ならびに控訴しないことを求める要請文を同社職員に手渡した。

## 志賀原発二号機差し止め判決の反響

志賀原発二号機に対して、運転の差し止めを命じたこの判決は、世間や財界などの注目を集めた。

大手新聞各紙はこの判決をこぞって取り上げ、その一

# 志賀2号機 運転差し止め

## 営業原発 初の判断

## 「大地震、被害の恐……

### 金沢地裁判決

石川県志賀町の北陸電力志賀原発2号機（改良型沸騰水型炉＝ABWR、出力135万8千キロワット）をめぐり、16都府県の132人が、同社（本店・富山市）を相手取り、運転差し止めを求めた民事訴訟の判決が24日、金沢地裁であった。井戸謙一裁判長は「電力会社の想定を超えた地震動によって原発事故が起こり、住民が被曝をする具体的可能性がある」として巨大地震による事故発生の危険性を認め、住民側の請求通り北陸電力に対して志賀原発2号機の運転を差し止める判決を言い渡した。2号機は今月15日に国内55基目の商業用原発として営業運転を始めたばかりだった。北陸電力は控訴する。＝3面に判決理由の要旨、14・15面に関係記事

営業運転中の原子炉の運転差し止めや原子炉設置許可の取り消しを求めた訴訟で、原告の訴えが認められたのは初めて。判決の内容を即座に実行できる仮執行宣言はついておらず、判決が確定しない限り、実際に運転が止まることはない。

井戸裁判長は判決で、志賀原発2号機の敷地で……

志賀原発。左奥が2号機原子炉建屋、左手前が同タービン建屋＝本社機から、高橋一徳撮影

〈キーワード〉志賀原発訴訟　88年12月に周辺の住民らが1号機（沸騰水型炉、出力54万キロワット）の建設差し止めを求めて金沢地裁に提訴（後に運転差し止め請求に切り替え）。94年8月の一審判決は請求を棄却。98年9月の名古屋高裁金沢支部の控訴審判決も控訴を棄却し、00年12月に最高裁で敗訴が確定した。2号機訴訟は99年8月に提訴。現在の原告は16都府県の132人。

朝日新聞2008年3月24日

面を大きく飾った。おりしも、国会では民主党の永田寿康衆議院議員が関係した、いわゆる「永田メール問題」が世間の話題となっていた。しかし、この志賀原発二号機訴訟の判決は、それよりも大きな扱いであった。『朝日新聞』三月二十五日では「天声人語」で取り上げられ、「原発との付き合い方を、改めて考えたい」と締めくくられている。

だが、マスコミの論調としては、強く原発の危険性を指摘するようなものはそれほど多くはない。『日本経済新聞』なども、「指針の見直し急務」（三月二十四日夕刊）などと「耐震設計審査指針」の問題点を取り上げてはいるものの、原発そのものの危険性についてはあまり触れていない。

さらに、マスコミの中にはこの志賀原発二号機訴訟の判決に対して、「科学技術を否定するものだ」などとする内容の記事も見られる。

その一つが、『読売新聞』三月二十五日付けに掲載された、「志賀原発判決　科学技術を否定するものだ」というタイトルの社説である。

その社説では、「あり得ない状況まで想定していては、どんな科学技術も成り立ち得ない」と述べ、最初からこ

2006年（平成18年）3月24日（金曜日）

原発耐震指針不備に警鐘

運転差し止め命令

「住民の声届い

保安院「現行も耐震

志賀原発2号機の運転差し止めを認めた二十四日の金沢地裁判決は「想定外の地震で被ばくの恐れ」と耐震性に疑問を投げ、全国の原発に

「原子炉を運転してはならない」――。志賀原発2号機訴訟で二十四日、金沢地裁判決の主文が言い渡された瞬間、法廷内は

北陸電力志賀原発２号機の運転差し止めを求めた訴訟で、「勝訴」の垂れ幕を掲げ喜ぶ原告側の弁護士ら（24日午前、金沢地裁）

日本経済新聞 2008 年３月 24 日

の判決に批判的である。

そして、判決が「耐震設計審査指針」について疑問視した点を指摘し、「耐震設計は、過去の地震に基づいて強度などを決めている。発生する可能性がない巨大地震までは想定していない。その範囲は国が決めている。そうした基本を理解していない判決ではないか」などと述べている。

だが、実際に「指針」が最大と定めたマグニチュード六・五に対し、それ以上の地震は実際に何度も発生している。にもかかわらず、何故この『読売新聞』の社説では、「発生する可能性がない巨大地震」などと言うことができるのか。理解に苦しむ記述である。

続けて、同社説は次のように述べる。「商業用原子炉を巡る裁判で電力会社が敗訴したのは初めてだ。しかも、志賀原発二号機は今月、運転を開始したばかりだ。不合理な想定で不安をあおる判決は他の五十四基にも影響を及ぼしかねない」

ここでも「不合理な想定」などという文言が登場する。実際に「指針」が想定した以上の地震が発生しているという事実があり、しかも地震調査研究推進本部が正式にマグニチュード七・六程度の地震発生の確率を示唆している。こうした事実や科学的な推測があるというのに、どこから「不合理な想定」という言葉が出てくるのであろうか。

同社説では二〇〇五年八月に宮城県沖で起きた地震を取り上げ、「想定していた以上の大きな揺れが観測された」としながらも、「女川原発も、揺れを感知して止まり、構造物に異常はなかった」と、北陸電力とほぼ同じ説明を行っている。

そして、ようやく「指針」の不備に言及するのだが、その最後の記述が何とも意図的である。

「政府の原子力安全委員会は五年近く前から〔「指針」について――引用者補足〕見直しを検討中だ。だが、専門家の間で議論がまとまらない。今回の判決はその隙を突かれた、とも言える。速やかに結論を出さなくてはならない」

何故に「隙を突かれた」などという表現を使うのか。まるで、原発擁護が前提として存在し、そこにある不備を指摘することを、あたかも姑息な真似のように指摘するようなものではなかろうか。まるで、原発関連の不備や問題点を、「見て見ぬフリをしろ」とでも言いたげな文章である。

被告である北陸電力はただちに記者会見を行った。まず、地域広報部長の近谷雅人氏が「当社の主張について裁判所のご理解がいただけなかった。この点について誠に残念で、遺憾であります。当社としては、直ちに控訴いたします」とコメントを読み上げ、続いて原子力部長・金井豊氏が「十分安全だと思っており、運転は継続していく」と述べた。

さらに、同社社長の永原功氏によって、次のようなコメントが公表された。

### 志賀原子力発電所二号機運転差止め訴訟判決に関する社長コメント

本日、金沢地方裁判所において、志賀原子力発電所二号機運転差止め訴訟の判決が言い渡された。

今回、志賀原子力発電所二号機の安全性について、裁判における当社の主張が認められなかったことは、誠に遺憾に思う。まさに不当な判決であり、驚きをもって受け止めており、準備が整い次第、直ちに控訴したい。

耐震設計審査指針については、現在、国で検討が続けられているところであるが、改定された場合には、改定された指針への安全性の確認を行うこととなる。
また、志賀原子力発電所二号機は、今月十五日に国の最終検査に合格して営業運転を開始しており、現在も安全・安定運転を継続している。志賀原子力発電所二号機の安全性は十分に確保されており、今回の判決をもって運転を停止することはない。
以　上

コメントに述べられている通り、北陸電力は控訴した。そして、裁判は名古屋高裁金沢支部に場所を移すこととなる。

## 志賀二号機訴訟のその後

二〇〇九年三月十八日、名古屋高裁金沢支部で行われた控訴審判決で、裁判長の渡辺修明氏は一審判決を取り消し、「二号機の設計は『指針』に適合し、地震による具体的危険性はない」として、原告住民の請求を棄却した。原告の住民側が逆転敗訴である。

一審判決取り消しは、「耐震設計審査指針」が改定されたことが大きく影響している。同判決直後の四月には実に二十五年ぶりに「指針」の改正案がまとめられ、そのわずか五ヵ月後の二〇〇六年九月に新たに改定された「新指針」が提出された。この改定によって、直下地震の想定規模が最大でマグニチュード六・五から六・八程度へと引き上げられた。同時に、志賀二号機でも見直しが行われ、北陸電力は「改定された指針に適合しているので、耐震性は確保されている」と主張した。

これに対して原告住民側は、「改定後の新しい『指針』も基本構造は同じで、信頼に値しない」と主張し、さらに改定されたとはいえ原発敷地直下の活断層が起こす地震の最大想定の規模が マグニチュード六・八程度であることを取り上げ、「想定規模が小さい。鳥取県西部地震その他で観測されたマグニチュード七・三にすべき」などと批判した。

しかし、裁判所はその主張を認めず、また邑知潟断層帯を全体が動く可能性のある活断層として評価とすることについても、原告住民側の主張を退け、北陸電力側の主張を認めた。

つまり、一審判決とは一転して、原告住民側の主張はことごとく退けられ、その一方では被告である北陸電力の主張を裁判所はほとんど認めた。

　これに対して原告側は上告。しかし、二〇一〇年十月に最高裁が原告住民側の上告を棄却し、原告敗訴が確定した。

## 裁判官への圧力や干渉はない

　だれしも気になるのは、いざ裁判という段になって、裁判官本人に対して外部からの何らかの干渉や、圧力のようなものはないのかという点である。ほとんどの原発関連訴訟は、どれも判で押したように原告住民敗訴、被告の電力会社勝訴という結果になっている。電力会社や官界などから、裁判の方向についての干渉や、あるいはロビー活動のようなものがあるのではないかという憶測も生まれてくる。

　しかし、井戸氏によれば「そうした干渉や圧力は、一切ない」とのことである。また、どのような判決を言い渡しても、人事にもまったく影響はないとのことだった。

　ただし、一つの見方として、裁判官も生身の人間だということである。先例や通例に則って、慎重に事態を収めたいと思う裁判官がいたとしても不思議ではない。

　他方、気になる事実もある。裁判官の中には、後に原発関連の企業などに再就職するケースが複数見受けられる。いわゆる天下りである。言うまでもなく、そうした元判事たちは、原発に反対する住民たちの訴えを退け、原発を安全なものであると認める判決を出した裁判官である。

　原発にお墨付きを与えた裁判官たちが、原発関連企業に天下りする。そこに、何がしかの関係があるのか。またはないのか。そのあたりは、まだまだ解明されていない部分が多い。何故なら、新聞や週刊誌などの既存メディアがまったく報じないからである。

　次章で述べるが、原発関連の天下りについては、ジャーナリスト三宅勝久氏の著書『日本を滅ぼす電力腐敗』（新人物往来社）に詳しくレポートされている。

## 福島の事故によって<br>志賀二号機訴訟判決が再度注目される

　さて、二〇一一年三月十一日、東日本大震災による福島第一原発事故は、これまでの原発に関する「常識」や「概念」をことごとく突き崩した。たとえどんなに東電や御用学者たちが弁舌を弄したとしても、福島、そして日本の現状が危機的な状況に陥ったことは、動かしがたい事実として存在しているからである。

そうした状況の中で、志賀二号機訴訟判決が注目を集めてきた。

三月に東電福島第一原発の事故が起きた時、井戸氏は「とうとう起きてしまった」と思ったという。

それまで、電力会社や原子力安全委員会をはじめとする国の機関、そして原子力推進派の研究者たちは、口をそろえて「原発は安全」と繰り返してきた。しかし、実際には「一般の建築物よりもはるかに厳格な基準で設計されているので壊れない」はずの原発が、津波と地震であっけなく壊れ、「念には念を入れて何重もの安全対策が施されている」のに、「災害時には安全に停止する」どころか、津波と地震によって止まるどころか暴走した。そして、事故から一年近くが経過したというのに、事態は安全に収まるどころかまだ収束の目処すらつかない状態だ。

しかも、当事者である東京電力や、監督官庁である経済産業省、さらに原子力安全委員会その他の関係機関とそこに所属する研究者や専門家たちも、福島第一原発にはまるで手がつけられない状況。これが原発の実態であると、多くの国民が気づかざるを得なくなったのである。

何から何まで、電力会社や学者、役人や政治家の言ったこととはまるで違う現実が存在しているのである。福島の住民にとって、そしてすべての国民にとって、はなはだしく危険で不利益な現実が。

まさに、井戸氏が言う「安全が確認されていないから危険」という考え方が、正しかったことが確認されたといえよう。深刻な事態が起きていない原発も、安全が保証されたわけではない。「たまたま、危険が表面化していない」というだけのことである。

「だから、新潟の柏崎刈羽原発は、幸運だったというほかはないでしょう」（井戸氏）

そして、長年にわたる「原発は安全」という主張のゴリ押しは、数多くの弊害をもたらしている。

たとえば十年以上前、原発で事故が発生して人間が入ることのできないような状況になった際に、代わりに施設内で作業を行うロボットが開発された。しかし、試作品ができた時点で、計画は中止になってしまった。その理由は、「原発では事故など起こりえないから、こんなロボットは必要ない」という、上からの圧力であった。

同じような例は、かなりの数に及ぶと考えられる。

そうした状況であるにもかかわらず、電力会社各社は原発の再稼動に意欲的なところが少なくない。また、原発推進派の政治家や財界人、さらに「原発を止めると経済が停滞し日本がダメになる」などと主張して、原発稼動を声高に叫ぶエコノミストや評論家も少なくない。

原発を巡る状況は、まだ混乱の様相を呈していると見るべきであろう。

# 第2章　歴史的大事故が起きても傲慢な態度を続ける東京電力の暴虐

## 誠意というものに無縁にしか見えない東京電力という私企業

福島第一原発での事故は、日本の歴史においてはもちろんのこと、世界的に見てもかのチェルノブイリ原発事故にも匹敵するほどの深刻な事態となった。前章でも触れたが、現在もなお、同原発での状況が好転する兆しは報告されていない。復旧現場での相次ぐトラブルばかりが、紙面をにぎわせているだけだ。

確認するが、これまで東電は、福島第一をはじめとする原発について、いかに安全性への疑問や危険性についての指摘がなされても、これを一切無視、あるいは「絶対に安全」「事故など起きるわけがない」「事故が起きても対策は万全なので大丈夫」などと繰り返してきた。

ところが、今回の事故によってそうした発言の数々がまったくの虚偽、あるいは信用性にきわめて薄いものであることが明らかとなった。そして、震災以降も、重要な情報の隠蔽などを繰り返し、利用者であり消費者でもある多くの国民をだまし続けている。まさに利用者軽視、消費者に対する侮辱的な態度と呼んでも過言ではなかろう。

一般的な感覚として、歴史的な大事故の当事者であり、人命を脅かす可能性が高い事態を引き起こし、さらにそれを拡大させている企業であれば、誠意をもって消費者に対応することが不可欠である。

ところが東電からは、そんな気配はほとんど感じられない。利用者ばかりか、国民一般の心情を逆なでするような姿勢や行動ばかりが目立つ。事実の隠蔽ばかりではない。そもそも、三月十一日以来、東電が利用者に対して積極的に非常時のサポートを行ったという形跡はまったくない。二〇一一年夏の計画停電の際ですら、住民へのアナウンスは行政がやっていたという有様だ。私企業の都合で行うことを、行政が手取り足取り手伝うなどとは、聞いたことがない。

そして、東電の傲慢体質が顕著に現れたのが、二〇一一年六月に開かれた同社の株主総会であった。

## 厳戒態勢で行われた東電株主総会の異様さ

六月二十八日、東京電力の第八十七回定時株主総会が東京・港区にあるシティホテル、ザ・プリンス・パークタワー東京で開催された。東日本大震災による福島第一原発の事故以来、初めて開かれる総会であり、各方面から注目を集めていた。

そして当日、同総会は異様な状況の中で実施された。会場周辺には警察官が大量に動員されていたからである。

多くの場合、株主総会の警備に警察官が動員されることはきわめてまれである。混乱が予想されるような総会であっても、たいていは民間の警備員が配置される程度で、警官が動員されるケースは非常に少ない。

それが、この東電の株主総会については、筆者が目測で数えただけでも制服と私服を合わせて一〇〇名以上の警官が総会の警備に当たっていた。地下鉄の出口から会場までの沿道、そして、会場であるホテルの入口や各エントランスにも、数十名ずつの警官隊が配置されていた。

過去に、労組や顧客とのトラブルから、あるいは暴力的な総会屋が乗り込んで来るという情報によって、企業が警察に警備を要請したことはある。しかし、そうした場合でも警官の動員はせいぜい数名から十数名、筆者の経験では多くても三十名程度である。過去の報道などを見ても同様であるし、筆者もまた総会会場やその近隣で警察官が目立って配置されるようなケースは経験したことがない。

つまり、この当日の状況は、まさに「大量の警官隊による厳戒態勢での株主総会開催」という、きわめて異例のことであるといえよう。しかし、そのことを指摘した既存メディアは皆無であった。

さて、では警官隊が大量に投入されるだけの事態が起きたかというと、はなはだ疑問であった。会場入口の歩道などでは、反原発を掲げるグループなどが東電の責任を問うスピーチなどはしたものの、とくに大きな混乱はなかった。脱・反原発デモなどに積極的に参加している活動家の園良太氏が、一時、数名の警官と言い合いになる場面があった程度である。また、脱・反原発デモの会場などにしばしば登場し、デモ参加者や観衆などと小競り合いを繰り返している在特会メンバーの姿は、まったく見かけなかった。

一方、総会会場も厳しい状況にあった。東電の職員や後に出席した株主などに聞いたところ、受付では出席する株主に対する持ち物検査が行われた。その内容は「バッグの中を見せてください」という程度の簡単なものだったが、こうした例は株主総会ではむしろ少ない。さらに、カメラや録音機器の持ち込みは禁止され、持参していた場合には「受付のほうでお預かりさせていただきます」（東電職員）とのことだった。

しかし、総会会場にカメラやボイスレコーダーを持ち込むことを禁止している総会はそれほど多くはない。もちろん、違法などではない。その証拠に、東電に限らずその根拠を論理的に説明できる企業担当者はほとんどいない。なぜカメラや録音機器の持ち込みがダメなのかを聞いても、「そういう決まりなので」と総務担当社員が申し訳なさそうに頭を下げる程度である。あるいは、「（経営陣に）投げつける人がいるので」という説明をする企業もあったが、いうまでもなく、これでは理由になっていない。

十一時現在で、出席株主数は八六五七名（東電発表による）になっていた。その後も、遅れて何人もの株主が到着した。

会場外ではマスコミ各社と警官隊が待機。ほかには脱原発推進団体のメンバーらがアピール活動などを行ったが、とくに大きな混乱はなかった。途中、十二時四十三分頃から株主として会場に入っていた、脱原発を進める「eシフト」の氏家雅仁氏が路上で状況を報告。「東電経営陣が誠実に答えているとは思えない」などと述べた。会場は質疑応答などで紛糾しているものと思われた。

株主総会自体は、各報道で伝えられている通り六時間にも及んだ。その間、退席した株主が出てくることがあった。聞けば、「長引きそうなので帰ることにした」という声が多かった。株主だからといって、とくに意識の高い人ばかりではない。これも、ほかの総会でもたまにあることだ。ただし、最近では三十分前後から一時間程度といった短時間で終わる、いわゆる「シャンシャン総会」が多いため、最後まで出席する株主が多い。

やがて総会が終了、散会すると、会場から多くの株主たちが列を成して出てきた。とたんに取材陣が群がった。筆者も数名の株主から、総会の状況について話を聞いた。

出席した株主の話によれば、会場は五つに分けられ、メイン会場には東電役員が壇上に並ぶという、総会で定番の形式。他の会場では議事などの様子をモニターで眺めるしかなかった。発言する場合には、他の会場にいる株主はわざわざメイン会場まで移動しなくてはならなかった。総会の進行は議長を務めた東電会長の勝俣恒久氏によって仕切られていたという。

株主総会の進行は、どの企業もだいたい同じようなものである。まず「定刻になりましたので」という議長の声で総会が始まる。最初に経営陣を代表して社長またはそれに該当する役員があいさつし、事務局から総会開催に必要な個数確認などが行われる。その後、事業報告や各種計算書類についての報告など。これは機械的な資料の読み上げだ。

そうした報告関係が終わると、質疑応答が行われた。出席者によれば、「東電側は、できるだけ質問に答えようとする姿勢を見せていた」という。

しかし、実際にはかなり高飛車な態度が目立ったという意見が少なくない。たとえば、福島の事故に対して「役員が私財を投じて責任を負うべきなのでは」という質問には、「(私財については)プライベートな問題なのでノーコメント」と答えをはぐらかせるなど、誠意のない対応が続いたとの証言が多い。

次にようやく決議事項となる。今回の東電の総会では、会社提案の第一号ならびに第二号議案、そして株主提案の第三号議案が提出されていた。

会社提出の二つの議案は、取締役と監査役の選任についてで、とくに眼を引くものではない。問題は四〇二名の株主から提案された第三号議案である。その内容を以下に引用する。

---

第三号議案　定款一部変更の件

○議案内容

以下の章を新設する。

第七章　原子力発電からの撤退
　第四十一条　我が社は、古い原子力発電所から順に停止・廃炉とする。
　第四十二条　我が社は、原子力発電所の新設・増設は行わない。
○提案の理由
　私たちは二〇年にわたり、原発震災・老朽化・廃棄物等、原発の問題について提案してきたが、取締役は総会のたびに「最大級の地震に耐えられるよう設計、建設してきた」（〇五年）などと述べ提案を拒否し続けてきた。一方で過去には、活断層の隠蔽・データ改竄などの不正を行ってまで原発の運転を続けてきた。その結果が三月の東日本大震災の惨状である。

　巨大津波により肝心の炉心冷却ができなくなったのを皮切りに、水素爆発、炉心溶融、使用済み核燃料プールでの爆発、放射性物質の大量放出、住民避難、計画停電等。「想定外」の言い訳は許されない。

　放射性廃棄物についても具体的な処分は進められず、費用がどれだけ莫大になるか不明である。今回の事故が示したように、原発に頼ると$CO_2$は最終的に増えてしまう。嘘にぬり固められ、未来の子供たちに負の遺産を残し、地元に負担を押しつける原発からは即時撤退すべきである。

（東京電力第八十七回定時株主総会開催の通知書、九ページより抜粋）


　この第三号議案については、取締役会の意見として「本議案に反対」と添えられている。

　そして、この第三号議案は、あっさりと否決されてしまう。まず、決議に際して出席者が意思を示す挙手ができたのはメイン会場だけで、ほかの会場の株主は「黙ってモニターを眺めているしかなかった」という。しかも、多くの株主が「明らかに賛成の挙手が多かった」にもかかわらず、議長の勝俣氏は即座に「反対多数とみなし…」と宣言した。

　実は、総会開催に先立って東電側が複数の大株主から大量の委任状を受け取っており、それによって東電にとって最初から有利な結果になるという仕組みだったことが明らかとなったのだ。

　この決議に対する結果に列席の株主たちが抗議すると、勝俣会長はこのように言い放った。

「みなさんが何を言っても、委任状ですでに過半数をとっているんです。何をやっても無駄です」

こうした東電経営陣の態度に、多くの株主が怒りを述べた。

「誠意がまったく感じられない」（六十九歳男性・千葉）

「まったくの茶番。あんな株主総会ならやる必要なんてないよ」（七十代男性）

「株主を完全にバカにしていますよ」（六十六歳女性・大田区）

また、「何のために出席したのかわからない。個人株主なんて、やっぱり最初から相手にされていないのだろう」といった、怒りというよりも呆れたという感じの株主が少なくなかった。

総会の進行について気になったのは、勝俣氏の傲慢な態度だけではない。会場の一部に「不審な人物たち」が出席していたというのである。

「まるで暴力団みたいでしたよ」

総会に出席した男性（三十代）は、その体験を語った。

「あまりに役員たちの対応がひどいんで、私は『ちゃんと質問に答えろ！』『誠意がないぞ！』なんて野次を飛ばしていたんです。すると、近くにいたスーツ姿の、見るからに強面の出席者が立ち上がって、『オイ、黙れ！』などと怒鳴ってきたんです」

その場で二人は言い合いになり、そのスーツ姿の出席者から「外に出ろ」と言われるまま会場から一時退出したという。

「それが、そいつは人気のない方へとドンドン歩いていくんです。これはマズイと思ったので、『どこに行くんだ。こっちに来い！』と言って人がたくさんいる方に行こうとしたら、そいつはそのままどこかに消えてしまいました」

ほかにも、「ヤクザの総会屋がいる」という証言が、複数の出席者から得られた。

しかし、該当するような総会屋が現在も活動しているという情報は、どこからも確認されていない。最近の総会屋の状況について、株主総会に詳しい経営情報誌の編集者は言う。

「もはや総会屋と呼ばれるような人物や団体は、ほとんど活動していないのが実情です。たとえば、N氏とかT氏といった活動が確認されている総会屋はいることはいますが、とくに派手なことはしていない。むしろ、警察が目をつけているのは、総会で突飛な質問をしては場を混乱させて喜ぶような、迷惑犯または愉快犯的なタイプです」

そして、ヤクザなどが総会屋に出没する可能性はあるのかと聞いてみたところ、「絶対にない」と即座に断言した。

「理由は簡単で、何のメリットもないからです。昔の総会屋のようなことをすれば、ただちに検挙される。通報されれば一発です。カネにならないことは、ヤクザは絶対にしないですから」

実際、そうした特殊株主が活動していたのであれば、動員された警官によってただちに排除されたはずである。だが、そうした動きは微塵もなかった。

そこで浮かび上がってくるのが、特殊暴力防止対策連合会、略称「特防連」と呼ばれる組織である。

公益社団法人警視庁管内特殊暴力防止対策連合会とは、一九六五年以降各地区の警察署単位で組織された特防協が母体となってつくられた組織である。そして一九八〇年に特殊暴力防止対策連合協議会が発足、一九八九年二月には三十地区一四〇六社で構成する会員制の社団法人警視庁管内特殊暴力防止対策連合会が設立された。

その活動は「警視庁管内の企業が総会屋等特殊暴力の排除を目的」（特防連ホームページより）として、企業への指導などを行っているという。

だが、その陣容などは退職した警察官の受け皿、すなわち警察の天下りにほかならない。さらに、その実態は「かつての総会屋そのもの」だという。ある中堅企業の総務担当社員は言う。

「企業への指導といっても、総会での椅子の並べ方とか、社員の配置だとか、そういうことを指図するだけ。昔の総会屋と、まったく変わりはないですよ」

ところが、昔の総会屋よりも格段に評判が悪いのだと言う。まず、態度が悪い。元警官なだけに威圧的なのだそうだ。

だが、もっと問題なのはかなり高額の現金を要求してくるという点だそうである。一説には、企業が特防連に加盟するには、入会金として二〇〇〇万円、さらに年間約一二〇万円を納付しなければならないという。

「その上、株主総会直前には指導料などの名目で五〇万円は要求してくる。年間を通じて、相当な支出になります。昔の総会屋は、情報誌の年間購読料や高額資料集の購入費といっても、せいぜい二〇万円から五〇万円程度。何かの慰労金でも、一〇万円も包めばよかった。そ

特暴連ホームページ（http://www.tokubouren.or.jp/）

れに比べたら、はるかに高額ですよ、警察の天下りを使うと」（前出・企業の総務担当社員）

警察との癒着などというと、いまだに「所轄の刑事が管内のスナックや風俗店などを回っては『お車代』を受け取る」といったものを連想する向きが一部にある。しかし、「いまどき、そんなつまらない小遣い稼ぎは話にならない」（警察事情に詳しい企業関係者）のが実態だ。すでに警察や関連団体は、より効率的かつ組織的に、そしてはるかに巨額の現金を吸い上げる集金システムを構築しているのである。

そして、東電の総会会場にいたヤクザ風の出席者について も、「特防連からの動員である可能性は十分に考えられる」（前出・経営情報誌編集者）と言う。ただし、それを裏付ける確証はない。また、可能性を否定する材料もない。

だが、そのヤクザ風の出席者は、明らかにかつての「与党総会屋」的な行動をしたという点で注目に値する。

総会散会後の十七時頃には、隣接する芝公園で反原発活動家などによる報告集会が行われた。しかし、これに対しても警官隊の対応は至極緊張を欠いたものであった。私服と制服、ともに雰囲気は「撤収ムード」であった。報告集会に張り付いて様子を観察していたのは一部の私服警官十数名のみで、多くの警官は遠巻きに眺める程度。制服警官の中には、公園の水道で頭から水を浴びる者もいた。また、ある年配の警官は、周辺をはばかることなく無線でどこかに報告していた。

「ええ、もう（総会は）終わりました。公園ですか。これはただの報告集会です。報告するだけの集会ですから」

## 総会関係をまるで報じない主要メディア

この福島第一原発事故直後の東電株主総会には、相当の数のメディアが取材に訪れていた。実際に総会の会場に潜入していた大手メディアの記者も多かったと聞く。実際、筆者もある知り合いの週刊誌編集者から「会場の中にいました」と後日聞いた。

原則として、株主総会に出席するには株主でなければならない。おそらく、資力に余裕のある大手メディアは三月の時点で東電の株式を購入する、いわゆる株づけを済ませていたのであろう。

また、会場の外でも多くの報道関係者が待機していた。そして、総会終了後に会場から続々と出てきた株主たちにインタビューを始めた。中には、「原発に反対か賛成か」などと記されたボードを用意して、出席した株主にアンケートをとり始めるメディアもあった。明らかに、テレビのバラエティ番組の取材だった。

さて、その当日から翌日にかけて、この東電の株主総会はそれなりにメディアで報じられた。東電関係の報道としては、決して少なくはなかったかもしれない。だが、その報道のほとんどは、総会が実施されたことの単なる報告か、総会が六時間にも及んだこと、さらにいくらか出席株主の感想が添えられた程度の内容が大半を占めた。

中には、三号議案の採決についての東電の態度を指摘した記事やテレビ番組もあったが、それらも多少の非難めいたコメントを添える程度で、株主総会のあり方や東電の姿勢を深く追及するようなものは、主要メディアには見当たらなかった。

## ジャーナリスト三宅勝久氏による電気事業者への天下りルポ

一方で、東電と警察とがまったく無関係とは考えられない可能性があった。実際、ジャーナリスト寺澤有氏が政府・東電の共同記者会見の場でこの点について質問し、警察から東電に三十一人が天下りしていることを明らかにしている。

さらに、ジャーナリスト三宅勝久氏が中央省庁や司法関係、政界などとの癒着を克明にレポートし、二〇一一年十一月に著書にまとめて刊行した。そのタイトルは、『日本を滅ぼす電力腐敗』（新人物往来社・新人物文庫）だ。その一部についてはこれまでもネット上のニュースサイトにも公表されてきたが、本書はすべてを見直したうえでの全編書き下ろしとなっている。

同書はまず、東電に対する取材活動を執拗に妨害する警察への疑問に始まり、第一章では四国電力の伊方原発について取材し、続いて、〈第二章　経産省から電力会社へ――「天下り」という賄賂〉〈第三章　東電への天下り第一位は東京都幹部〉〈第四章　東北電力役員ポストに群がった自民県議七十七人〉〈第五章　中国電力マネーで潤う山口県幹部と上原原発〉などにまとめられている。〈第六章　「原発安全」判決書いた最高裁判事が東芝に〉では、電力会社の言い分を鵜呑みにしたかのような判決を下した裁判官が退官後に原発メーカーに再就職している事実に触れ、公平であるはずの司法の場でさえも利権に汚染されている可能性を示唆するなど、たいへんに興味深い内容となっている。経済産業省や自治体、政治家、果ては司法関係者までもが、電力会社と密接な関係下にある可能性を疑わないわけにはいかない事実が見えてくる。

ほかにも、東電が費用のほとんどを負担して主催した国内の電力施設をめぐる「政治家接待ツアー」や、東電による政治家への献金など、代議士や知事などへの工作についても指摘している。

三宅勝久氏

同書では何よりも、原発を「絶対に安全」と繰り返し、その安全性に疑問を投げかける住民や専門家にことごとく圧力をかけ、そうやって作り上げていった原発利権に群がったほとんどの関係者が、実名で生々しく記載されている。

三宅氏は震災直後から取材を開始。東京電力ほか電力会社の有価証券報告書や関連書類を丹念に調べていった。するとそこから浮かび上がってきたのは、癒着と天下りのあまりに生々しい現実だった。

筆者は、市民による脱原発集会が行われている経済産業省前で、三宅氏に話を聞いた。三宅氏は天下りというものの実態を「日本を腐敗させている賄賂システム」と指摘。それが、今回の福島やひいては日本を窮地に陥れた元凶であると怒りをあらわにする。そして、「張本人は誰なのか」を明確にすることが重要であると三宅氏は強調する。

最初のきっかけは、四国電力伊方原子力発電所について取材していた時だった。三宅氏は四国電力のホームページで、中村進という取締役がいることに気づく。その経歴を調べてみると、元「原子力安全・保安院首席統括安全審査官」だった。明らかに経済産業省からの天下りである。

「ほかにも必ずある」と感じた三宅氏は、さらに取材を進めていった。すると、電力会社への天下りの実態が次々に判明していった。たとえば、東電の副社長だった白川進氏は、東大経済学部卒業後、一九六七年に通商産業省（現・経済産業省）に入省。その後、九九年に退官し東京電力に入社している。入社当時の肩書きは東京西支店長で、いかにも現場の勤務という印象を受けるが、その六年後にはいきなり取締役副社長に出世する。三宅氏ならずとも、「最初から経営トップの座が用意されていたとしか思えない」（同書）と感じるのではないか。そして三宅氏は、白川氏が通産省時代に国会において電力会社にとって有利な発言をしていることなども指摘する。

そして三宅氏は、官界などからの東京電力への天下りが長年にわたって続いていることを突き止める。しかも、東電にもっとも多くの天下りを送り込んでいた東京都に三宅氏が取材すると、都の広報部は「都の在職中に培われた知識や経験を活用して社会に貢献するものでありますす。そういうことから有意義なものと考えています」と答えたという。

言うまでもないが、いわゆる天下りについて批判的な見方は何十年も前から今日まで続いており、時に激しく攻撃されることも珍しくない。にもかかわらず、「天下りは有意義なもの」となんのためらいもなく言う都の姿勢には驚くばかりである。

だが、どんなに世論が激しく非難しようとも、天下りは今日に至るまで続けられている。だが、そこには、こと原発に関しては、「社会に貢献」した形跡は見られない。今回の福島第一原発の事故をきっかけに、原発というものが社会貢献よりも地域社会を破壊し人命や国民生活を著しく危険な状況に追いやる可能性が高いことが明らかとなった。

すなわち、天下りによる癒着は、国益や公共の利益といった視点ではなしに、ただ一部の人間たちが利権をむさぼるものでしかない可能性が高くなったわけである。実際、三宅氏が取材を進めていくと、天下りというものの実態が「日本を腐敗させている賄賂システム」であることが浮かび上がってきた。電力および原子力というものは競合関係がないため、いくらでも利益を独占できる。しかも、原子力安全・保安院のような監督する立場の組織が、電力会社と天下りというシステムによってズブズブの関係になっている。これではまるで、警察署長とバクチの元締めが同じ人物であるようなものではなかろうか。

そして、そうした一部関係者がむさぼっているカネは、あるいは税金であり、あるいは先進諸国の中でもっとも高いと言われている電気料金である。

やや横道に外れるが、この電気料金についても、それが適正に決められていたかどうか疑問であると、政府の第三者委員会「東電に関する経営・財務調査委員会」から指摘されている。

問題視されているのは総括原価方式と呼ばれる手法で、電気事業者が電力供給に必要な人件費や燃料費などといった発電費用に一定の利益を上乗せした「総原価」を算出。それを元にして電気料金を算出する制度である。ところが、同調査委員会の報告書によれば、東電が過去十年間において事前申請していた原価が、実際の金額を約六千億円も上回っていたことが指摘されており、消費者から不当に高額な電気料金を徴収していたのではないかという疑惑が浮上している。

この総括原価方式は電気事業法によって認められているもので、発電事業に高い公共性が認められることから、人件費などの経費を社会貢献に必要なものとみなし、そこに利益分を加算したものを元に電気料金が決められる。その場合、人件費や燃料費だけでなく、電力会社が保有する施設資産もまた必要な経費として認められてしまう。一般の企業であれば経費削減の対象となるようなものであっても、公共性の高い事業＝電力供給のために必要であると電力会社が主張すれば、それが認められてしまうシステムが存在しているのだ。そして実際に、東電が言うままに電気料金が決められ、先進国の中でももっとも高いという電気料金を、庶民は否応なしに支払うよう仕向けられてきたのである。

このような、思うがままに儲けを上げられるようなシステムを活用し、いかなる不況下であっても莫大な利益をむさぼり続けた。そうやって集まったカネは、社会に還元されることもなく、一部は天下りした元官僚などによってしゃぶられ続けられたということである。

そうした状況に対して、「張本人は誰なのか」を明確にすることが重要であると三宅氏は強調する。

「『東京電力』という人はいませんし、『経済産業省』という人もいないですよね。東電や経産省に抗議することも非常に重要なことですが、それだけでは不十分。本当に責任ある人間が組織や団体の中に隠れて、責任を取

らないどころか、天下りで甘い汁をたっぷりと吸っている」(三宅氏)

そして、甘い汁を吸うだけでなく、そうして癒着が放置され、安全よりもカネが優先される土壌が作られていく。その結果、いざ不測の事態が起きた場合、危険な状況を押し付けられるのは庶民であり消費者なのである。「危険な状況を作り出した『真犯人』をあぶり出すことが大切」と、三宅氏は繰り返す。

また、その「真犯人をあぶり出す」作業は、「実は誰にでもできる作業」だと三宅氏は言う。

「たとえば、有価証券報告書などをたんねんに見ていけば、かならず役員などの素性や経歴がわかります。天下りを追及するのは、ジャーナリストの専売特許ではありません」(三宅氏)

世の中の腐敗や不正を見出すことは、市民にも十分できることであり、また重要であると三宅氏は言う。

今回、福島第一原発の事故によって、東電の隠れていた腐敗部分が姿を現わした。そして、それにともなって電力業界の長年にわたる闇の部分も徐々に追及されつつある。

しかし、それでも東電ほか電力会社からは、これまでどっぷりと浸ってきた利権を手放したくない姿勢が見え隠れする。二〇一一年十二月二日にも、東電は「福島第一原発が壊れた原因は想定外の津波によるものであり、地震によって施設が被害をこうむったわけではない」とする中間報告書を提出した(概要を一一三ページに掲載)。この報道がいかに恣意的なものであったかは、次章で考えてみたい。

そして、三宅氏にならうとすれば、東京電力という人は存在しない。その意向を、意見を発している生身の人間がいるはずである。東京電力の「正体」はいったい誰なのか。それは今後の大きな課題の一つでもあろう。

# 第3章 「反原発」を報道しないマスコミと拒絶する政府・東電記者会見

## 東京電力には異様なまでに気を使うマスコミ報道

二〇一一年三月十一日の東日本大震災以降、マスコミ報道はこの震災と東電福島第一原発事故の関連で埋め尽くされた。テレビでは連日、まず震災による混乱を報じ、次に真っ黒い津波に押し流される街の様子を何度も放送した。そしてようやく、崩壊した福島第一原発の様子を報道するようになっていった。だが、そうしたマスコミ報道を見ていると、一つの傾向らしきものがあることに気づいた。それは、東京電力に対する取り扱いである。

テレビも新聞も、福島第一原発の事故について毎日報道した。日が経つにつれ、福島第一原発の事故が重大かつ深刻な状態になってしまったことが徐々に明らかになっていった。これまで日本では経験したことのない、大規模な原発事故である。そして、事故処理がなかなか進まず、放射能漏れが危惧される事態にまでなっていることが日本全国だけでなく、海外にも発信されていった。そうした事態を引き起こしたのは、初動のミスが原因であると報じられた。

ところが、その際にもっともバッシングを受けたのは、当時の首相だった民主党の菅直人氏だった。

もちろん、緊急時の指導的な立場にある菅氏がその不手際を非難されるのは、いわば当然のことである。だが、その一方でもう一つの当事者、すなわち東電に対する非難や指摘については、主要全国紙や全国ネットのテレビ局ではほとんど見かけることがなかった。その後、事故後の対応や賠償金請求の手続き問題などで、主要メディアも東電に対する指摘や批判を行うようにはなっていった。しかしそれでも、前章で述べたように、東電の責任を追及する姿勢としては、やや疑問が残る。

事件や不祥事が発生すれば、新聞やテレビはその状況や周辺を追及する。たとえば、二〇一一年十一月には、光学・精密機器大手のオリンパスにおける組織ぐるみの巨額損失隠しや、大王製紙の前会長による一〇〇億円を超える私的借入事件など、企業関係の事件が発覚した。そして、両者に対してもかなり過熱した報道が続けられたことは記憶に新しい。

しかし、被害額や損失額、そして社会や庶民生活に与える影響を考えて、その質と量のいずれの点についても、オリンパスと大王製紙が東電よりも大きいとは考えにくい。にもかかわらず、東電については放置したままオリンパスや大王製紙を追いかけ回す主要メディアの実態が現実に存在する。

確かに、報道の対象や内容を選択するのは、各メディアの自主的な意思によるものである。だから、東電ではなくオリンパスや大王製紙に注目するメディアがあったとしても、まったく不思議ではない。だが、ほとんどの主要メディアがほとんど横並び状態というのは、あまりに不自然である。

そこには、たとえば記者クラブに代表される大手メディアの業界体質や、あるいは広告費というものに縛られた主要メディアの傾向が浮かび上がってくる。それだけに、三宅勝久氏をはじめとするフリージャーナリストの取材や発言は貴重であり、社会的に重要な役割を果たしていると評価すべきだろう。

## 理不尽な要求を押しつける政府・東電共同記者会見

福島第一原発事故後、事故後の状況についてのメディアへの会見の場として、福島原子力発電所事故対策統合本部による政府・東電の共同記者会見が開催されることとなった。その内容は、原子力安全・保安院、原子力安全委員会、文部科学省、東京電力などが共同で、定例の記者会見を同本部の置かれている東京電力本店の三階会議室で開催することが決まった。開催は四月二十五日から。震災と福島第一原発の事故から一ヵ月以上経ってからのことだった。

しかし、その参加についても政府や東電の体質が即座に現れた。この会見について事故対策統合本部が配布した資料によれば、会見に参加できる者の条件として次のような項目が掲げられている。

1　日本新聞協会会員
2　日本専門新聞協会会員
3　日本地方新聞協会会員
4　日本民間放送連盟会員
5　日本雑誌協会会員
6　日本インターネット報道協会会員
7　日本外国特派員協会（ＦＣＣＪ）会員及び外国記者登録証保持者
8　発行する媒体の目的、内容、実績等に照らし、1から7のいずれかに準ずると認め得る者
9　上記メディアが発行する媒体に定期的に記事等を提供する者（いわゆるフリーランス）

（福島原子力発電所事故対策統合本部「福島原子力発電所事故対策統合本部の共同記者会見の実施について」より。以下同）

そして、それぞれ事前に登録を行うと、それによって記者会見への参加が許可されると記されている。

しかし、実際には1から8まで、つまり記者クラブ所属の主要メディアの記者や大手メディアの関係者は、その時点でフリーパスに等しい。何故なら、記者クラブ所属という事実が確認された時点で、すでに共同記者会見への条件が満たされるからである。大手媒体へ慣習的に寄稿している執筆者もまた同様だ。

では、9のフリーランスについてはどうであろうか。その参加の条件として、事故対策統合本部は次のようなものの提出を求めている。

Ⅱ．事前登録申請内容
下記の内容を事前に電子メールで連絡してください。
1．氏名（本人確認用書類と同じ氏名を記載してください）／フリガナ
2．（使用されている場合）ペンネーム
3．住所（本人確認用書類と同じ住所を記載してください）

4．電話番号
5．携帯番号
6．電子メールアドレス
7．所属報道機関名（所属先がない場合には「フリーランス」と記載してください）
8．所属報道機関連絡先（なお、7．で「フリーランス」と記載された方につきましては、本項目の記載は結構です。ただし、過去6ヶ月以内に日本新聞協会、日本民間放送連盟、日本雑誌協会、日本専門新聞協会、日本地方新聞協会、もしくは日本インターネット報道協会の媒体に掲載した2つ以上の署名入り記事を原子力安全・保安院ＥＲＣ広報班あてにＦＡＸ（03‐5512‐8502）もしくは電子メールで事前に送付してください。）
※提供いただいた上記情報につきましては、福島原子力発電所事故対策統合本部にて、適切に管理させていただきます。
（同前）

これを見てもわかる通り、大手メディアや記者クラブ所属の記者は、1から7までを登録すればすぐに会見への出席が可能になる。ところが、フリーランスの場合、8で指定されているように、媒体に掲載した二つ以上の署名入り記事を原子力安全・保安院ＥＲＣ広報班に送付しなければならない。

まず、この条件はその基準がまったく理解不能だ。まず、署名記事を書いていることが、どうして共同記者会見に出席に必要なのか、その理由がわからないし、事故対策統合本部も具体的かつ明確に明らかにしていない。その旨は同本部が配布したどの資料にも記されていないし、複数のフリーランスからの質問にも答えていない。

そもそも、署名記事を書いていたとしても、それは単なる「慣習」に過ぎないことが多いのは日本の出版界の事情をよく知るものであればたちどころに理解できる。媒体や発行元によっては、これも慣習によって、社員記者だろうとフリーのライターだろうと、原則として記事に署名はしないというケースも多い。実際、有能で誠実な書き手が無署名記事を数多く書いているという事実は珍しいものではない。

したがって、「署名記事を書いている」という実績のないフリーランスは、この時点で共同記者会見の事前登録から無条件に、というより一方的に除外されてしまうことになる。

原発問題以外にも、フリーランスのジャーナリストがその執筆活動において社会的に大きな影響を生じさせるケースは少なくない。たとえば、消費者金融に関係する事件で大きな社会問題になった、武富士の一連の事件において、フリージャーナリストの山岡俊介氏による活動は大きな要素となった。ほかにも、三宅勝久氏のルポ『武富士追及――言論弾圧裁判一〇〇〇日の闘い』をはじめ、北健一氏や寺澤有氏など、フリーランスのジャーナリストたちによる活動の役割が、武富士問題を追及するに当たって大きかった。

もちろん、主要メディアが悪いというわけではなく、誠実で問題意識の高い大手メディアの記者は数多い。しかし、記者クラブというものや発行元である大手新聞社、テレビ局などの広告費優先体質、メディアの既得権などといった問題が関係すると、主要メディアの報道には問題がある、あるいは限界があることは否定できない。

ところが、共同記者会見には記者クラブ所属の記者はほぼ無条件で参加を認め、フリーランスには「６ヶ月以内の署名記事２本以上の提出」という、何とも理不尽な条件を突きつけてくるわけである。

そして、この「事前登録」は記者会見出席以外でも事故対策統合本部に対する接触に口実として用いられることがあるようだ。共同記者会見における統合本部のフリーランスに対する対応について疑問を感じた、すでに事前登録を済ませて会見に出席しているフリーランス有志が、その件について話し合うための場を要求。これに対して統合本部が応じ、二〇一一年十月七日に霞ヶ関の内閣府において意見交換の場が設けられることとなった。

それを聞いた筆者は、「政府側との意見交換であれば、共同記者会見とは別だろう」と考え、その場への参加を原子力安全・保安院ＥＲＣ広報班にメールで申し出た。

しかし、同広報班から返信されてきたのは、次のような文書だった。原文では、筆者の筆名「橋本」ではなく本名となっているが、それ以外は送付されてきた同じ文書である。

---

橋本様
申請をいただき、ありがとうございました。
園田（康弘）政務官に相談させていただきましたが、

---

今回の意見交換は、既に統合対策室の共同会見にご出席いただいているフリーランスの方を対象として行うこととしております。橋本様におかれましては、まだ共同会見への出席登録手続きが行われておりませんので、大変申し訳ございませんが、今回の意見交換への出席はご遠慮いただければと存じます。

なお、共同記者会見への出席登録を改めて希望される場合には、「福島原子力発電所事故対策統合本部の共同記者会見の実施について」（平成二十三年四月二十三日、福島原子力発電所事故対策統合本部）別紙Ⅱ.8.〔四十二ページ上段に引用した「8」を指す――引用者〕にある資料をお送りいただきますよう、お願い申し上げます。

お手数をおかけいたしますが、よろしくお願いいたします。

同資料は、以下をご覧いただければと存じます。

http://www.nisa.meti.go.jp/oshirase/2011/230423-2.html

政府・東京電力統合対策室

すなわち、事前登録をしなければ話し合いにすら出席できないということである。

だが、会場への出席はできなくとも、部屋の外で待つことくらいはできるのではないかと考えた筆者は、十月七日当日、内閣府のある霞ヶ関の中央合同庁舎四号館へと赴いた。現場には、やはり出席を拒絶された、フリー記者の佐藤秀則氏と、同じく田中昭氏がすでに到着していた。

ところが、我々三人は、話し合いの会場どころか中央合同庁舎四号館の構内への立ち入りすら拒まれたのである。

霞ヶ関の各庁舎は、用件さえあれば出入りは比較的それほど困難ではない。とくに入館が厳しい財務省と外務省を除いては、「図書館に調べ物に来た」「資料を受け取りに来ました」と告げれば、そのまま構内へも館内へも入ることができる。霞ヶ関でもっとも厳しい外務省と財務省ですら、窓口で断られることはあっても、敷地に入ることはできる。

だが、四号館の敷地内に入ろうとしたとたん、警備員に押しとどめられた。

「許可のない方は入れません」

そこで筆者は、福島原発事故の共同記者会見の件で行われている話し合いがあるので来たこと、出席が不可能でも、傍聴かまたは扉の外で待機していたいとの旨を説明した。

しかし、警備員は「通すわけにはいかない」と、筆者たちの立ち入りを絶対に許さなかった。その理由として、「事前に登録している人物以外は、何人なりとも敷地内に入れてはならないと命じられている」からだという。

それを聞いていた、傍らにいた佐藤秀則氏が「登録者のリストを見せてほしい」と言った。すると、警備員はすぐにリストを取り出した。見れば、確かに意見交換のために届け出たフリーランスの名前が列記してある。筆者と知り合いのジャーナリストの名なども見受けられた。

その後、筆者と佐藤氏が何度か交渉したが、警備員は「命じられているだけ」「自分では判断できない」と繰り返すばかりだった。実際、警備員に何を言ってもムダなことはすぐにわかった。

それにしても、話し合いの場に同席できないことや入室を断られることは想定していたが、まさか敷地内への立ち入りすら拒絶されるというのは、筆者が知る限り前代未聞のことである。その日は、話し合いが終了して庁

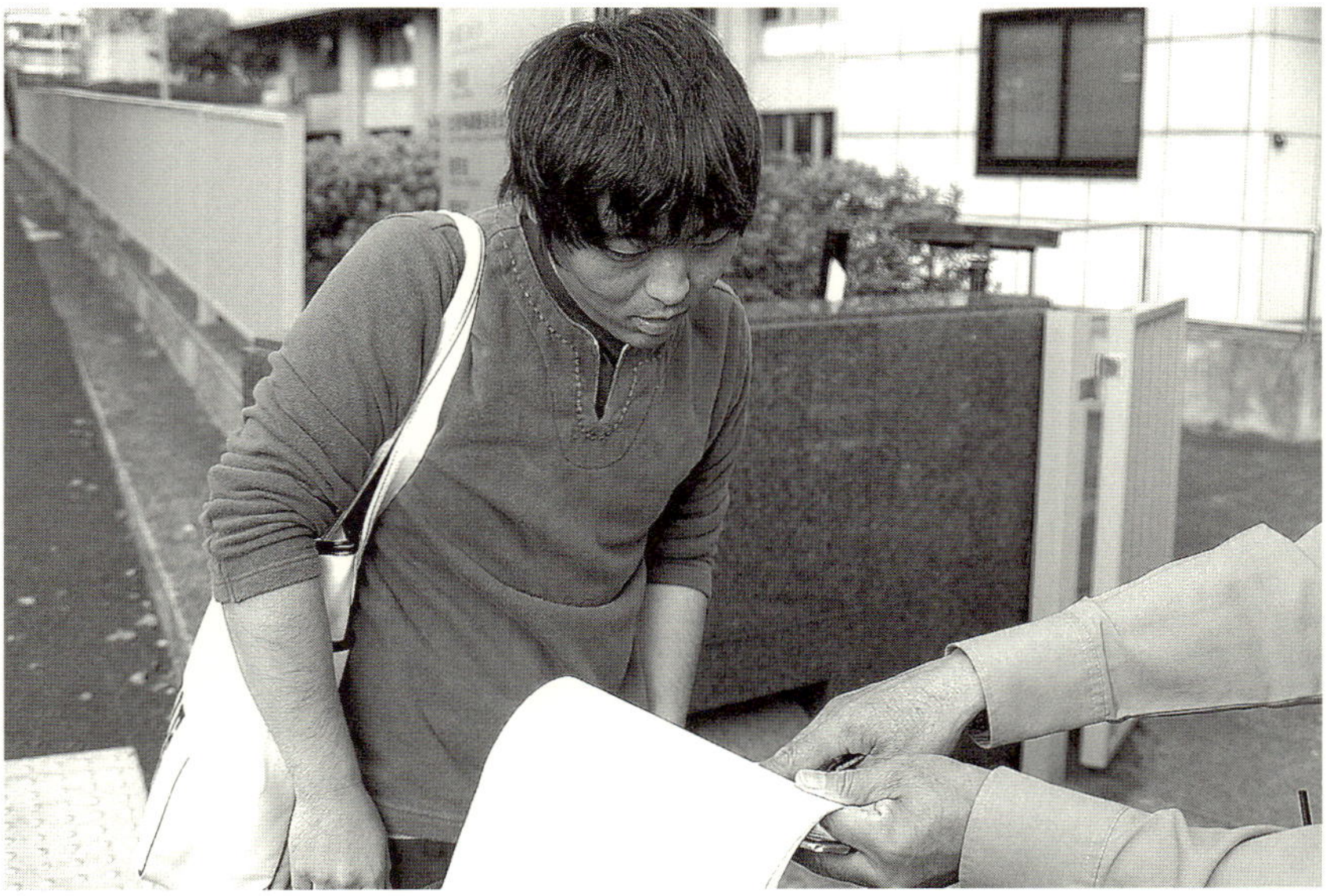

「記入されている人以外は、誰も構内に入れません」とリストを示しながら言う内閣府のガードマン。リストを覗き込むのは、フリー記者の佐藤秀則氏。

舎の外に出てきたジャーナリストたちから話を聞いたのみだった。

　後日、筆者は事前登録をするため、指定された情報を記したメールに筆者が書いた「6ヶ月以内の署名記事2本」をコピーしたファイルを添付して、経済産業省原子力安全・保安院ERC広報班へ十月二十日の朝九時頃に送付した。

## 申請内容以外の「追加事項」を求めてきた対策統合本部

　ところが、指示通りの作業を済ませたというのに、保安院ERC広報班からは何日経っても連絡がない。すでに事前登録したジャーナリスト諸氏に聞くと、「だいたい数日で登録完了の返事が来るはずだ」という。だが、一週間経っても、何の返事も来なかった。

　ようやく返信が届いたのは、十月二十九日の夕方十八時過ぎのことだった。そのメールの原文は、筆者の名義を「橋本」に置き換えた以外は次の通りである。

---

橋本様

ご連絡をいただきながら返事が遅くなりまして申し訳ございません。

本会見は、報道機関やフリーの方を含め報道活動を行う方を通じて、広くお伝えすることを目的として開催しております。したがいまして、登録の際には、所属している組織が報道を行うことを目的としたものであるか、あるいはフリーの方の場合には報道を目的とした活動としてどのような実績があるかを確認させていただくこととしており、こうした観点から、「福島原子力発電所事故対策統合本部の共同記者会見の実施について」（平成二十三年四月二十三日、福島原子力発電所事故対策統合本部）に要件を記載させていただいているものです。

同資料は、以下をご覧いただければと存じます。

http://www.nisa.meti.go.jp/oshirase/2011/230423-2.html

　具体的には、登録申請をいただいた方々には以下の項目に該当することを確認させていただいております。

1　日本新聞協会会員

２　日本専門新聞協会会員
３　日本地方新聞協会会員
４　日本民間放送連盟会員
５　日本雑誌協会会員
６　日本インターネット報道協会会員
７　日本外国特派員協会（ＦＣＣＪ）会員及び外国記者登録証保持者
８　発行する媒体の目的、内容、実績等に照らし、１から7のいずれかに準ずると認め得る者
９　上記メディアが発行する媒体に定期的に記事等を提供する者（いわゆるフリーランス）

上記の要件に該当するかどうか考え方につきましては、次の３つの段階で確認させていただいているところです。

（１）上記の1～7の会員としての登録申請かどうか
（２）上記の8と認められる団体の会員としての登録申請かどうか
（３）上記の1～8の媒体に1年以内に2件以上の署名入り記事を掲載している９（フリーランス）としての登録申請かどうか

橋本様の場合、（３）に該当するかと存じますが、記事が掲載された媒体が1～7に該当する場合については、当該記事があることを確認させて頂くことで済みます。一方、記事が掲載された媒体が1～7ではない場合、つまり8とする場合には、掲載された媒体自体が1～7に準じたものであるかどうかの確認をさせていただくことが必要となります。

この場合、ご自身の情報ではないことから、以下の点につき可能な範囲で資料を提出していただいた上で、判断させていただいております。

（なお発行部数あるいはページビュー数についてはは必ず確認をお願いしています）

・会社概要
・業務内容
・発行部数（ネットの場合は1日当たりのページビュー数）
・規約
・媒体そのもの（ネットの場合はＵＲＬ、紙媒体にて追加送付いただける場合等は、記事そのもののファックスないしはＰＤＦ等）

お手数をおかけして恐縮ですが、以上の各項目につき可能な範囲でご確認の上、ご連絡いただきますよう、

よろしくお願い申し上げます。

政府・東京電力統合対策室

メールの前半は、四十一ページの文面とまったく一緒で、事前登録に関する内容をただ事務的に繰り返しているに過ぎない。この部分だけでも、まったく不必要だろう。なぜこんな無駄なことをするのかがよくわからない。すでにこの部分については、筆者はメールで送付済みなのである。

問題は、「上記の要件に該当するかどうか考え方につきましては、次の3つの段階で確認させていただいているところです」という記述以下の部分である。要するに、筆者が送付した署名記事について、その掲載媒体、具体的には月刊誌『紙の爆弾』(鹿砦社刊)に関して、発行元の企業概要や業務内容、媒体の発行部数なども知らせろということを追加で伝えてきたのである。

もちろん、統合本部が配布した資料のどこにも、そんな情報を知らせろとは書かれていない。

そこで、すでに事前登録した知り合いのジャーナリスト諸氏に聞いてみても、口をそろえて「そんな情報を求められたことはない」「そうした項目を伝えなくとも登録できた」という答えばかりであった。

また、最近になって運用が変わったのかと思い、新たに登録を行った、ジャーナリストの林克明氏に聞いてみたところ、「統合本部の指示通りにメールを送ったら、あっさり登録された」という。もちろん、記事掲載媒体についての企業情報などは、何一つ送っていないという。

なぜ筆者が事前登録できないのか、その具体的な理由は不明だ。ただ、憶測の範囲内ではあるが、添付した署名記事が統合本部の意に沿わないものだったのではないかという意見がある。

筆者が統合本部に送ったのは、いずれも月刊誌『紙の爆弾』に掲載した、「株主総会で正体を現わした東京電力の冷酷傲慢ぶりと警察との癒着への疑い」(二〇一一年九月号掲載)と「狙われる反原発デモ」(同十一月号掲載)であった。いずれも東電や原発に対して批判的な内容である。

さらに、統合本部の対応にも疑問点がある。筆者がなかなか事前登録できない点について、ジャーナリスト寺澤有氏が園田政務官に質問したところ、園田氏は当初、筆者からの登録申請や添付署名記事を「まだ受け取っていない」と答えたという。もちろん、筆者はその時点ですでに申請のメールを送っていた。そして、その後になって、園田氏は「受け取っていた」と訂正した。

だが、後日さらに寺澤氏が筆者の事前登録が実現していないことを質問すると、園田氏は「審議中」と答え、さらに企業情報などの送付について、次のように述べたという。

「その件については、橋本氏から了解を得ています」

これは不可解な話である。

実は筆者は、その企業情報などを送付する指示のメールが来て以降、多忙などから統合本部には何ら連絡を取っていない。メールもファクシミリも送付していないのである。にもかかわらず、筆者が「了解した」とは、園田氏は何を根拠に発言しているのだろうか。

誤解のないように申し添えておくと、筆者の登録申請が受理されなかったから、その腹いせとしてこと細かに一連の対応をあげつらっているのではない。筆者が東電に批判的な記事を書いたがゆえに、受理されなかった可能性が高いと考えているから、その隠蔽体質を批判しているだけである。

これだけの大事故を起こし、多くの方々を犠牲に巻き込んでいるというのに、東電の情報公開の体質はなかなか改まっていないようだ。そして、東電をスポンサーとする大手メディアも、その体質をなかなか変えようとしない。

いまでも共同記者会見では、フリーランスが発言内容を指摘されて退席させられたり、そうかと思えば、フリーが発言しようとすると、記者クラブ所属記者の一部が「議事進行」などと揶揄するような野次を飛ばしたりする光景が見られるという。一部では「フリーランスなんてチンピラや総会屋と似たようなもの」という意見があるようだが、そんな「議事進行」などと放言する大手メディア記者のほうが、よほど昔の与党総会屋そのものではなかろうか。

## 東京電力ついに国有化の動き

二〇一一年十二月、日本政府は福島第一原発の事故の当事者である東京電力に対して、公的資金を注入するという方向で調整に入ったと各メディアが報じた。報道によれば、東電に注入される公的資金は少なく見積もっても総額一兆円規模に及ぶと見られており、同時に、会長の勝俣恒久氏をはじめとする現在の経営陣についてほとんどを退陣させ、政府の管理下に置くような状態に移行させるものである。すなわち、東電を一時的にせよ事実上の国有化を進めるものだ。

東電の経営状況は悪化の一途をたどっている。経常利益は最悪で、二〇一二年三月期には約五七六三億円の最終赤字が見込まれている。また、純資産は前年度の半分以下の約七〇八八億円まで目減りしている。企業としての信用度も急落しているため、資金調達も困難な状況になっている。

その一方で、被災地その他、各方面への賠償問題はほとんど進展していない。そして、その賠償金も途方もない金額になるであろうことは目に見えており、最終的にどれほどの規模になるのか、見当もつかないような状況である。

こうした状況を切り抜ける策として、東電側は「現在停止中の原発の早期再稼働」と「電気料金の大幅な値上げ」を提示した。

これには、当然ながら世論が反発。まず原発については、「福島のような事態を起こしておいて、まだ原発に頼るとは許せない」などの声が上がっている。たしかに、福島第一原発の事故によって原発の安全性に大きな疑問が生じ、その危険性が具体的に現実のものとなったばかりか、状況が収束していない現状においてなおも「補償のためには原発に頼る」ほかはないなどと主張する東電の神経は、どうにも理解できない。

さらに、二〇一二年二月に入ってから東電の民間企業や自治体などといった大口需要家向けの電気料金を平均十七%値上げするとした件についても、東京都が「説明が不十分」であるとして納得できないとの姿勢を明らかにした。

都は二〇一二年一月下旬にも東電の経費削減策に対して「内容が不透明」であると指摘。さらに明確な回答を東電に求めていた。これに対して東電は、二月一日付で都に回答書を提出した。

しかし、猪瀬直樹副知事は皷(つづみ)紀男副社長に回答書を示して「こちらの質問に答えていない。特に中小企業対策では『説明する』とあるだけで、受理するわけにいかない」と述べ、受け取りを拒否した。これは事実上、電気料金の値上げを現状では認められないと都が判断したに等しい。

東電は経営維持のためのコスト削減案として、初年度に約一九〇〇億円、以後十年間で約二兆六〇〇〇億円という案を提出している。しかし、これについても都は東電の総売上が年間五兆円にも上ることから「東電全体の売上からみれば、わずか四パーセント程度に過ぎない」と指摘。劇的な経費削減には程遠いとコメントした。

経費削減と言いつつ、民間企業の中でも高額と言われる役員報酬はそっくり維持し、組織の再編などといった抜本的な改革が見られないことに対し、さすがの東京都も東電の言い分をすべて鵜呑みにするわけにはいかなかったというわけだろう。

東電と東京都の関係は決して浅いものではない。それは単に、事業者と監督する自治体という立場に留まらない。三宅勝久氏の『日本を滅ぼす電力腐敗』の中でも指摘されているが、東京都から東電には九人もの元都幹部が天下りしている。

東電としては、さんざん天下りを受け入れてきた東京都が、ある程度は自分たちに有利な態度をとってくれる、それなりに配慮してくれるはずだと思っていたのかもしれない。しかし、今回の福島第一原発事故による影響と被害の大きさは、都ですら無視できなかったのではあるまいか。そして、電気料金値上げに対して不十分な回答しか用意できなかった東電は、またもその傲慢な体質を天下に露呈してしまったと言えるのではなかろうか。

この東電の、傲慢というかズサンな電気料金値上げに対して、異論や反論を唱えているのは東京都ばかりではない。埼玉県知事の上田清司氏もまた、二〇一二年二月十三日の記者会見で、東電による四月からの企業向け電気料金値上げを取り上げ、「これだけ満天下に迷惑をかけて誰ひとり警察のご厄介にもなっていない。自首するやつはいないのか」などと、激しい口調で東電を非難した。

さらに上田知事は、東電が福島の事故によって社会や消費者に多大な不利益をもたらしているにもかかわらず、何ら刑事的な責任を問われる気配がないことに疑問と不満の意を示した後、「詳細を明らかにしないまま値上げの金額だけ決めるという乱暴な手続き」と述べ、重ねて東電の電気料金値上げの意向を批判した。

市町村レベルでは、埼玉県の川口市長が、二月十七日、大口契約者向け電気料金値上げの見直しを求める要望書を、東電川口支社長に手渡した。「キューポラのある街」として有名な同市の鋳物業に、料金値上げの影響が大きいため、値上げ反対の表明となった。このように、各自治体からも、電気料金値上げへの批判が噴出し続けている。

## 明らかになる事実に対し「福島第一は津波で壊れた」を繰り返す東電

東電は震災以後、原発停止による電力供給能力の低下を理由に「計画停電」をほぼ強制的に実行し、それによって大きな社会的損失を招いた。その範囲は、一般庶民の生活上の不都合や生産施設などの操業停止などといったものはいうに及ばず、信号機の停止による交通事故によって死者まで出す事態となった。

しかし、その計画停電もはたして効果的な施策であったのか、そしてそれ以前に、そもそも実施する必要があったのかという指摘が少なくない。時間帯によって電力消費量が増減するにもかかわらず、消費世帯数や電力消費の時間帯にほぼ関係なく、しかも単なる機械的な地区の区切りによる輪番停電は、電力供給を補うには理屈が合わない。

しかも、二〇一一年末から二〇一二年にかけての冬季は、東電および大手メディアはは「夏場以上の電力消費が予想される」などとアナウンスを繰り返し、さらに日々の報道でも消費電力量の上昇と電力供給能力の限界を伝え、あたかも電力供給が限界に来ているかのような発信を続けた。

ところが、そうした「夏場以上の電力供給の非常時」であるとのアナウンスをしているにもかかわらず、計画停電を実施する可能性については、東電はまったく触れることがなかった。少なくとも、震災直後に停電を実施したような際の一般市民へのアナウンスは、一切行わなかった。これについては「震災発生当初は火力発電施設などの設備や人員が対応できなかったが、その後の整備によって必要な発電量を確保できるほどになった」との意見もあるが、現実を見る限り、全国に実在する原発全五十四基のうち稼動中のものがわずか四基という現状で、しかも「夏場以上の電力消費」という状況にあってすら、電力供給が逼迫しているというアナウンスはまったく聞こえてこない。

震災以降、東電は何度も繰り返し「福島第一原発の停止によって電力供給能力は激減する」と発信し続けてきた。だが、実際には震災から一年近く経過しようとしているが、これまでに電力使用量が供給量を上回ったことなど一度もない。

実は原発が停止しても電力供給に大きな影響はないとの見方は、以前からいくつも存在していた。たとえば、市民エネルギー研究所など、いくつかの団体が過去から現在までの国内の発電設備容量と最大需要電力量などを調査しグラフなどにまとめて公開している。それらの資料によれば、最大需要電力量は火力と水力をあわせた発電量を超えていないことが明確に示されている（一〇六ページからの資料1〜3を参照）。

つまり、国内の一般家庭や企業その他の電力消費者が最大限まで電力を使ったとしても、火力ならびに水力の発電だけで必要な電力をまかなうことが可能であることを意味している。それは同時に、原発は必ずしも必要ではないということも表している。

だが、実際には震災までの原発による発電量は、総発電量の約二十八％を占めていた。これは東電のテレビCMでも題材にされ、「電力の三分の一は原子力です」などというキャッチコピーとして長らく使われた。

しかし、これについても一種のカラクリがあった。電力会社は火力や水力の発電施設についてはその稼働率を五十％ほどに抑え、原発稼働率を高めて操業していたからである。

しかも、東電では二〇〇三年に柏崎刈羽その他の三つの原発で、自主点検記録の改ざんなどの不正が発覚。それによって東電の全原発が停止したが、その際にも深刻な電力供給不足に陥ることはなかった。そして、この時にも東電は、「点検による原発停止で電力不足になる可能性がある」などと、脅しにも近い発言をしている。

自らの不祥事が招いたものであるにもかかわらず、そうした傲慢な発言をするという点で、東電という組織の体質はまったく変わっていない可能性が否定できない。

さて、火力などの従来の発電施設でも発電量が確保できるといった事実が次々に明らかになっていった後でも、東電および各電力会社は、火力と水力の各施設のみでも電力供給能力に余裕があるというアナウンスは行っていない。まして、原発がすべて停止しても電力供給に大きな問題がないとはひと言も言っていないし、おそらくそんな文言を口にすることもないだろう。

だが、稼動中の四基の原発も、定期点検などの理由から近いうちにも必然的に停止することになっている。すなわち、五十四基すべての原発が停止するのは、時間の問題ということになる。

すべての原発が停止した際、はたして東電および電力会社はどのような見解を発表するのであろうか。

## 津波の前に地震で破壊された福島第一

すでに東京電力という組織に対する信用、信頼というものは完全に失われてしまったのではないか。震災以降、次々に明らかになる事実とは裏腹に、東電という組織は不可解極まりない発言を繰り返している。

たとえば、被災した福島第一原発が深刻な状況になった原因として、「地震によって施設に被害が及んだため」とする指摘が早くからいくつもあり、経済産業省原子力安全・保安院もまたこれを認めている。以下、日本共産党の『しんぶん赤旗』（二〇一一年四月三十日）の記事を引用する。

**外部電源喪失　地震が原因**
**吉井議員追及に保安院認める**

日本共産党の吉井英勝議員は（二〇一一年四月）二十七日の衆院経済産業委員会で、地震による受電鉄塔の倒壊で福島第一原発の外部電源が失われ、炉心溶融が引き起こされたと追及しました。経済産業省原子力安全・保安院の寺坂信昭院長は、倒壊した受電鉄塔が「津波の及ばない地域にあった」ことを認めました。

東京電力の清水正孝社長は「事故原因は未曽有の大津波だ」（十三日の記者会見）とのべています。吉井氏は、東電が示した資料から、夜の森線の受電鉄塔一基が倒壊して全電源喪失・炉心溶融に至ったことを暴露。「この鉄塔は津波の及んでいない場所にある。この鉄塔が倒壊しなければ、電源を融通しあい全電源喪失に至らなかったはずだ」と指摘しました。

これに対し原子力安全・保安院の寺坂院長は、倒壊した受電鉄塔が「津波の及ばない地域にあった」ことを認め、全電源喪失の原因が津波にないことを明らかにしました。海江田万里経産相は「外部電力の重要性は改めて指摘するまでもない」と表明しました。

つまり、福島第一原発は地震によってすでに施設の一部が壊れたことが原因で、炉心溶解という深刻な事態に陥ったというのである。

この点については、アメリカの経済誌『ブルームバーグ』WEB版も二〇一一年五月十九日付けで「福島原発…津波が来る前に放射能漏れの可能性――地震で既に打撃か」という記事を掲載し、やはり施設の一部が津波の到達以前に壊れていた可能性を指摘した。

同記事の中で東電原子力設備管理部課長の小林照明氏がブルームバーグ・ニュースの取材に対して、「モニタリング・ポストが正常に作動していたかどうか、まだ調査している。津波が来る前に放射性物質が出ていた可能性も否定できない」と認めたと伝えられている。

施設が破損していなければ、放射性物質が漏れることは考えられない。津波以外に原発施設にダメージを与えられるものとしては、地震以外には考えられないのである。

ほかにも、研究者などから震災で福島第一の施設が破損した可能性は指摘されており、同原発が地震に耐えられなかった可能性が否定できない状況が明確になっていった。

にもかかわらず、東電は記者会見や報告書などにおいて、福島第一原発の施設が破損し一部機能が失われた原因を「地震ではなく津波が原因」と主張し続けている。

これは、「原発は耐震設計になっており、想定外の津波によって壊れた」という、意図的なストーリーであることは明らかだろう。

だが、すでに四月の時点で原子力安全・保安院が「電源喪失に至ったのは地震が原因である可能性がある」との見解を国会で示しており、さらに東電が提出したデータからも、地震によって津波到来以前に放射能漏れを起こしていた可能性が明らかになっている。

ところが、東電が二〇一一年十二月二日付で公表された一三〇ページにもわたる福島の事故の中間報告書（概要を一一三ページに掲載）も、言い訳や言い逃れの連続と言っても過言ではないような、当事者としての意識にはなはだ欠ける内容になっている。

多くの被害者や避難民を出し、地域住民や利用者に多大な不都合や不利益を生じさせておきながら、東電という組織はいまだに「福島第一原発は地震では壊れなかった」という主張をしようとしている。この事実を、どう理解すればよいのだろうか。

福島第一の事故は、もはや一私企業のメンツなどといったものではすまされないほどの重大なものであることは、誰の目にも明らかであろう。にもかかわらず、当事者である東電はいまだに責任逃れと自己保身ばかりにしか関心がないような状況である。東電がこのままの姿勢を維持し続けたとしたら、その発言を信用する者は一人もいなくなるのではなかろうか。

# 第4章　マスコミが絶対に報道しようとしない脱・反原発デモの概要

## 市民の中から噴出した脱・反原発の意思表示

三月十一日の東日本大震災によって起こった東京電力福島第一原子力発電所の事故は、国内ばかりか世界的に大きな衝撃を与えた。そして、その後の当事者である東電は、公共性の高い組織でありながら事故発生直後に十分な情報公開をせず、ただ保身のための事実隠蔽にばかり終始した。そして、後から、公開された情報によって、いかに東電の対応がズサンであったか、誠意を欠いたものであったかが明らかとなっていった。

経済産業省など中央省庁もまた、何一つ有効な指針を示さず、国会はムダに時間を費やすばかりという状況が延々と続いていた。その中で、事態はますます深刻の度を増すばかりである。

東電をはじめとする電力会社や、その業界団体である電気事業連合会、経済産業省ならびにその下にある資源エネルギー庁とそこに所属する原子力安全・保安院などの関連機関、さらに原子力委員会などの行政機関が、それまで何度も「原発は厳しい基準によって設計されているので損壊することはありえない」「原発は$CO_2$を排出しないクリーンなエネルギー」などと、さかんに宣伝を繰り返し、国民に対して「原発は安全」とのイメージを植えつけてきた。

しかし、今回の福島第一原発の事故によって、壊れないはずの原発が壊れたばかりか、その非常事態に電力会社も各行政機関も事故処理や安全確保の迅速かつ有効な体制が何一つ整っていなかったという、無責任かつ無策が国民の前に明らかになった。

こうした状況に、市民の間から「やはり原発は危険」「日本全国の原発は止めるべきだ」という主張が起こってきたのも当然といえよう。その市民の意思は、すぐに具体的な形となって現れた。すなわち、原発廃止や稼動停止を訴えるデモや集会である。

まず、震災から一週間後の二〇一一年三月十八日には、東京・新橋駅近くにある東京電力本店ビルの道路を隔てた正面に数名の市民が集まり、抗議集会が行われた。この同社ビル前の集会はその後も継続的に行われ、約三週間後の四月三日には三〇〇人以上にも膨れ上がった。これが、現在も続けられ、都内での主要な脱原発行動の一つともなっている「東電前アクション」である。

そして、時間が経過するにつれて原発の危険性がより具体的に、そして原発推進派の欺瞞がさらに浮き彫りになってくると、市民の間から脱・反原発の意思を表示する動きが明らかになっていった。

その中でも特徴的なのが、杉並区でリサイクルショップその他の店舗「素人の乱」を経営するスタッフの呼びかけで始まった「原発やめろ」集会とデモである。その最初の動きは、四月十日に東京・高円寺で開催された「4・10 原発やめろデモ」だった。

## 4・10高円寺デモ詳細ルポ 「一万五〇〇〇人が集まった脱原発デモ」

二〇一一年四月十日の日曜日、東京・高円寺で東日本大震災によって起きた福島の原発事故に対して、反原発をアピールするデモが実施された。その呼びかけは「素人の乱」のスタッフだった。

スタッフたちは、口コミや自らのホームページなどで、広く一般にデモ参加を呼びかけた。その趣旨は、とにかく原発反対、脱原発の意識のある者に対して参加を促したものであった。素人の乱による4・11デモのよびかけ文は、おおむね次の通りである。

今回の大震災の結果、福島の原発が大変なことになっている！
これまでさんざん「安全です」とか「原発はエコ」

とか言ってたくせに、結局、大事故を起こし、放射能をまきちらしている！！　あぶねえ！　恐ろしい！　おまけに被災地の救援も妨げてる。まったく、冗談じゃない！　そんな原発なんか一刻も早くなくなったほうがいい。

　ということで、さすがに頭にきたので、超巨大デモを巻き起こし、とんでもない意思表示をしてしまおう！　四月十日は高円寺へ！　さらには、全国・全世界同時アクションをやってしまおう！

---

　同スタッフの中には社会的な運動を経験した者もいたが、呼びかけには思想的・政治的なカラーは一切なかった。これに対して、当日は数多くの市民が高円寺に続々と集まった。

　デモ出発予定の二時間前、スタート地点となった高円寺中央公園にはほとんど人影はなかった。地域住民がいくらかくつろいでいる程度という、ごく普通の休日に見られる様子だった。

　ただ、すでに公園の脇にはかなりの数の、少なくとも三十人以上の制服警官が列を成しており、私服警官らしき人員もやはり二十人以上待機していた。その光景は、のどかな住宅街にしてはものものしい雰囲気であった。

　筆者は同行した知り合いのジャーナリストとともに、カメラやボイスレコーダーなど機材のチェックもかねてすぐ近くの喫茶店に入った。そして、わずか三十分ほどしてから外に出たところ、そこには予想外の光景があった。

　つい三十分ほど前には通行人もまばらだった高円寺駅から高円寺中央公園に至る徒歩約五分程度の路地は、多くの人であふれていた。駅方向から公園に向かって、次から次に人が押し寄せてくる。

　はたして、その人々は大部分がデモの参加希望者たちだった。筆者が驚いて見ているうちに、人通りはますます増えていき、やがて駅方向に向かうことも困難になるほどであった。そうした状況に、警官が交通整理を始めた。まだデモのスタートには三十分以上もあった。

　そしてデモ出発予定一時間前の十四時頃には、駅からの来訪者は行列状態と言ってもよいほどになった。一時間ほど前までは閑散としていた中央公園には人があふれ、すでに敷地内には入ることのできないほどの混雑ぶりだ。警察もスピーカーでさかんに「もう公園には入れません」

参加者でごった返す高円寺の公園

とアナウンスする。その声もしばしば人々の歓声などでかき消されがちとなる。

そうした状況の中で、デモ出発前からすでにスピーチや路上パフォーマンスなどもさかんに行われ、いつもは静かな公園も異様なほどに盛り上がっていた。手製の募金箱を手に募金活動も行われていた。

そして定刻の十五時、デモ隊がスタート。チンドン屋やクラウン、仮装などのパフォーマンスや、バンドを乗せた車両によるサウンドデモなどのほか、労組関係に市民団体、学生有志や宗教家、さらに活動家と思しき一群などの参加が認められたが、多くの参加者はごく一般的な市民がほとんどだった。

デモは十五時からあらかじめ決められたコースを行進。先頭が出発した後も次々に人々が参加し、デモ隊の列は延びる一方だった。そのため、警察はデモ隊をいくつかの悌団、すなわちブロックに分けて行進させた。デモ隊の長さは、何百メートルもの長さとなった。デモ参加者ですら、どこが先頭で、最後尾がどこなのか、わからない者がほとんどだったろう。

この様子に、多くの参加者、そして筆者も含めて取材に訪れたライターやジャーナリストたちは一様に驚いた。

いずれも、デモの類はそれなりに取材や見物の経験がある。しかし、これほどの規模のデモになるとは、誰もが予想していなかった。

筆者もまた、取材前にはデモを甘く見ていた。「参加者は、せいぜい数百人程度だろう。コースは長いが、十五時に出発して予定通りに十七時には終了するのに違いない。適当に写真を撮って、一時間くらいで切り上げよう」そんなふうに思っていた。

しかし、デモはそれでは到底すむものとはならなかった。写真を撮影しながらデモ隊の一部の人数をカウントしてみたところ、ざっと三〇〇人程度。そのデモ隊が、視界のはるか彼方まで続いている。十倍としても三〇〇〇人は軽く超えていた。しかも、先頭や最後尾はまったく視野から遠のいていた。

「こんな膨大な人数のデモは、見たことがない」

あるジャーナリストの一人は、やや興奮気味にそう言った。

デモ解散地点のＪＲ高円寺駅北口にすべてのデモ隊が到着し終えたのは、予定から二時間も過ぎた十九時頃。すでにあたりは暗くなっていた。

デモ参加者は、当初は主催者発表で七〇〇〇人となっていたが、その後二度にわたって訂正され、最終的には一万五〇〇〇人と発表された。実際にデモを見た者として、この数字は信用性が高いと考えられる。

だが、この「高円寺デモ」に注目すべき点はその参加人数だけではない。むしろ、一般市民の参加者が多かったことはこれまでのデモには見られなかったことである。とくに、二十代から三十代の若い世代と、女性や家族連れが目立ったことは、まったく想定外であった。

前述のように、デモそのものはとくに珍しいものではない。毎年、メーデーには各地で労組主催のデモが行われるし、ほかにも市民団体などによるデモ行進を見かけることもよくある。だが、そうしたデモはたいてい数百人程度、せいぜい一〇〇〇人程度の規模のものがほとんどだ。一万人もの参加者を集めたデモというのは、七〇年代までの学生運動がさかんだった頃以降、非常に珍しい。

そして何より、参加者の大部分が一般市民であったという点はきわめて特徴的であろう。

メーデーその他のこれまでよく見かけるようなデモの場合、その多くはいわゆる「動員」によるものだった。つまり、労組や市民団体などが組合員など所属する人員を指示によってデモに参加させたり、知り合いなどを誘ってデモ参加者を用意したりするようなケースが多かった。その実態として、参加者の自由な意思によるデモ参加というには、現実として程遠いデモが多かった。

しかし、高円寺デモでは一般の市民、すなわち労働組合や市民運動には関係のないような庶民の姿が実に多かったということである。

その根拠あるいは可能性を説明するなら、いくつかの要素を挙げることができよう。

まず、その人数である。現在の日本で、一万五〇〇〇人もの動員力がある組織や団体は見当たらない。また、複数の組織が一〇〇人または一〇〇〇人規模の動員をかけたとしたら何らかの痕跡や情報が残るはずであるが、そうした形跡も見られない。

さらに、デモ参加者の年代や参加様式が実に多様でさまざま、つまり統一性がないということである。二十代から三十代の若い世代が目立つものの、中には高校生らしい若者や、六十代以上であろう高齢の方々も珍しくなかった。また、夫婦や親子連れで参加するケースも数多く見受けられた。

そして、参加の形式もまた、従来のデモではあまり見られなかったパターンだ。つまり、「飛び入り参加、中途脱落」が頻繁だったことも、高円寺デモの特徴の一つだ。デモ行進は警察の警備によって人の動きは制限されていた。だが、それでも通行人の中からデモ隊に参加するケースはいくつも見られたし、反対に途中でデモ隊から離脱するケースも多かった。こうしたデモへの自由意思による自由参加も、これまでの「動員デモ」にはほとんど見られなかったことである。

デモ隊の中には、労組や市民団体などの組織的参加者も見られた。しかし、それらはどちらかというと参加者の一部であったことは間違いない。

また、広い地域から参加者が集まったという点でも、市民がいかに原発について関心を持っているかを物語っていた。参加者への聞き取りでは、都内や近隣から来たという人が多かったものの、栃木や群馬といった離れた地域からの参加者も珍しくなかった。被災地である福島からの参加者もいた。

ある埼玉から来たという二十代の女性は、「これまでは『電力はエコ』というCMをすっかり信じていたんですが、騙されたって気持ちできょうは来ました」と話した。都内の二十代の夫婦も「水もダメ、野菜もダメって。

どうしたらいいんだって毎日不安です」と憤る。

一方、反原発というより被災地救済にウエイトを置く心情の人々もかなり見かけた。ある三十代の女性は、「水がないというのは、とくに女性は不都合が多い」と話した。

「たとえば生理の時、臭いも気になるし、かゆみなども出やすい。水が自由に使えないと、とても大変です。被災地の（女性の）人たちも、どんなに不自由しているかと思うと…」

彼女は義援金などの協力をしてはいるが、それでも家でじっとしていられず、このデモに来てしまったという。

さらに、たまたま出会った四十代男性の知り合いは、「小名浜のソープ街が心配」と話した。

「反原発だの、エネルギー政策だのといった難しいことはわからん。俺らはただ、普通に食って、普通に寝て、たまに飲みに行ったりフーゾクで遊んだりしたいだけ。そういう普通がしたいだけなのに、何が悪いんだ」

この高円寺デモの特徴の一つは、こうした生活視線の主張がその主流だったことである。政治的・思想的なスピーチやプラカードはほとんど見られず、ただ生活と生命の安全のために原発を拒否する、というアピールが全体的な意識であったように感じられた。

## チェルノブイリから二十五年
## 経産省と東電前でも抗議デモ

一方、「東電前アクション」も地道な活動を続けている。かのチェルノブイリ原発事故から二十五年目の二〇一一年四月二十六日、日本でも反原発をテーマとしたデモが、一連の福島原発事故にともなう抗議に重ねて「東電前アクション」の一環として東京で行われた。

当日はまず原子力安全・保安院がある経済産業省別館前に十七時三十分頃に一〇〇名ほどの参加者が集まり、抗議の声を上げた。

その内容もさまざまで、二十年にわたって原発などの危険性について追及や啓蒙活動を続けてきたたんぽぽ舎の原田裕史氏は、各省庁などが発表している計測された放射線の数値を挙げて、「安全などと言っているのは経産省だけだ」などと、同省に対する不信感を強い口調で訴えた。また、ある女性参加者は、「動く歩道もいらない、自動販売機もいらない、二十四時間開いているコンビニもいりません。私たちは我慢します。だから、安全なエネルギー政策を進めてください」と苦痛で率直な意見を述べた。

その後、十八時二十分過ぎに現れた同省職員に抗議文を手渡すと、同四十分頃に東電に向けてデモ行進が出発。途中、プレスセンタービル前では入居する中部電力に対して抗議が繰り返された。

十九時七分頃、デモ隊は東京電力本店前に到着。すでに待機していた参加者と合流し、一五〇名以上に増えた。参加者の顔ぶれは、二十代から三十代の若い世代が多く、しかも労組関係者や活動家主体ではなく、あくまで一般庶民による自発的な参加が目立つということだ。従来のデモでは、既成団体の構成員や、その動員による参加での「形ばかりの、やる気のないデモ」が少なくないが、一連の反原発・東電糾弾デモでは参加者から有機的な熱意が常に感じられた。

参加者たちが、胎児や成長期にある子供は少ない放射線量でも深刻な被害が生ずる可能性がきわめて大きいことを数々の資料などを提示しながら声明し、政府や東電に対する批判や怒りの声を響かせた。

あるドイツから来たというある青年は、「チェルノブイリ事故の頃は原発廃止なんて夢物語だった。でも、いまでは脱原発が実現している。日本で脱原発が実現できれば、世界中で原発をやめさせることができるでしょう」と励ましの言葉を述べた。

また、ある女性が「自分の息子が仕事で被曝したのに、労組は何もしてくれないどころか、反目するような態度を取っている」と率直な事実を述べると、別の参加者からは「デモなどに組合員多数が参加している労組もある」との声が上がり、さらに「一部の労組は東電への追及をしないばかりか、原発事故被害が拡大しないのは自分たちの努力と自画自賛するばかり。こういう態度こそ問題なのではないか」との発言が飛び出すなど、熱い意見交換が行われる場面もあった。

しかし、そうした反原発や東電糾弾に関係したデモや集会がマスコミで報道されることは非常に少ない。もともと日本のメディアは、海外のデモ、たとえばエジプトの反政府デモなどはこぞって報道するが、日本国内のデモについて報道することは非常にまれである。先の高円寺デモについても、形だけわずかに報じるのみで、本格的な記事やニュース報道はわずかだった。

今回、大手メディアで取材に来ていたのは、経産省前ではテレビ東京くらい、東電前では引き続きテレ東に、「毎度おなじみ」（デモの取材を続けているジャーナリスト）

東電本店ビル前。海外メディアの取材の様子

というＡＰ通信と、国内では共同通信、そしてデモの途中からフジテレビの取材クルーが登場した。また、東電ビル脇にはＮＨＫの中継車がずっと横付けされていたが、はたしてどんな報道をしたのやら。ある女性参加者は、「どうしてテレビや新聞は、（一連の）デモについて報道しないんでしょうか」と怒りをあらわにした。

一方、東電ビルの裏手に回ると、裏手からそそくさと出入りする東電職員らしき人影が何人も見られた。ちなみに、ガード下を隔てた銀座側には平日でも居酒屋などに入るサラリーマンで混んでいたが、東電ビル脇の路地は、ひっそりとして人通りも少なかった。

## 渋谷に一万人が集結
## 反原発デモの勢いは止まらないか

そして、二〇一一年五月七日、渋谷で素人の乱呼びかけの脱原発デモが行われた。四月十日の高円寺デモに続く第二弾である。

当日は雨模様だったものの、集合地点にはかなり早い時間から続々と参加者が集まった。ある男性参加者は、「天気も悪いし（高円寺に続いて）二度目だからそれほど集まらないんじゃないかと思っていた。こんなに大勢来るなんて」と驚いた様子を見せた。

今回はサウンドデモをアピールしており、サウンドカーのほかに前回高円寺の際にも参加したチンドン屋の面々、さらにドラムなどの楽器を手にした参加者など、多種多様な鳴り物を持参する参加者が目立った。

今回のデモでは、渋谷駅前の交差点近くで「日本侵略を許さない国民の会」を名乗る一団が登場した。人数は八名から十名程度で、在日特権を許さない市民の会（在特会）などのメンバーで構成されており、原発停止反対を訴え、デモ隊に対する抗議スピーチを行う場面もあった。

この「～国民の会」は、保守あるいは民族派を自称し、デモ隊に対してさかんに抗議を続けていた。しかし、そこに具体的、現実的な主張はほとんど見られず、「こいつら（脱原発デモ参加者）は、自分たちの思想活動のために反原発や脱原発を利用しているだけだ」「日当や交通費をもらってデモに参加しているだけだろう。原発なんて、本当はどうでもいいんだろう！」などといった、感情的に脱原発デモを非難するようなスピーチばかりであった。

中には「あんたら電車に乗って渋谷まで来たの。信じらんない！」というフレーズも多かった。原発を否定しているのに電気の恩恵を受けるのはおかしいという理屈なのだろうが、原発は発電事業の一部に過ぎない。現在も、日本で供給される電力の多くは火力発電によるものである。したがって、この「～国民の会」の主張は、妥当性がはなはだしく欠如している。

挙げ句の果てには、「お前ら臭いぞ！」「風呂に入っているのか！」といった、まるで見当違いの誹謗中傷を繰り返す有様だった。

さて、３・11の震災と福島第一原発での事故以降、首都圏だけでなく全国各地で脱・反原発の行動、つまりデモや集会、その他各種イベントが数多く開催されている。原発に関する関心も急速に高まっていった。しかしその反面、デモに対する先入観や偏見が根強く残っていることも事実であろう。

筆者の知り合いの一部編集者や一般の会社員などの中にも、「反原発デモといっても、結局は組合とか共産党が仕切っているんだろう」とか、「原発派も反原発派も、どっちもどっちでしょう。結局は政治的な立場の対立なんじゃないの」などと、笑いながら口にする者も少なくない。要するに、その度合いの差こそあれ、「〜国民の会」すなわち在特会などのもつ意識と大きく変わるところがないものといえる。

しかしその一方で、実際にデモを目にした人々の中からは、「意識が変わった」という意見を聞くことも多い。渋谷のデモにおいても、「高円寺のデモのことを知って参加した」という声がかなり聞かれた。

あるジャーナリストは、「沿道の通行人が、もっと冷めた目で見る傾向が多いと思っていた。しかし、実際にはかなり関心を持って見物している人が大勢いたことは予想外だった」と話す。

一連のデモが市民の圧倒的な支持を受けているとは言い難いにしても、関心を持つ人が少なくなかったことは事実であろう。そのことは、デモ参加者が衰えを見せないこと、一般市民が多く参加することなどから高い確率で予測できる。

それらの脱・反原発行動の多くでは、社会運動や政治団体、労働組合などとは関係なく、ごく普通の一般市民がデモや集会の中心になっていった。そのことが、これまでにない特徴として顕著に現れていることを、ここまで見てきた。

しかしその一方で、「デモ」というものに対して多くの人々が、根本的な誤解と偏見を抱いている場合が少なくない。たとえば、デモという行為を「違法なもので、参加しただけで逮捕されることがある」とか「労働組合や左翼の活動家がやる政治的な運動」などと思い込んでいるケースである。こうした傾向は、地域や年代にかかわらず広く見られる。

だが、デモとは違法なものなどではまったくない。社会的に認められた正当な行為であり、デモを主催したり、参加しただけで警察に拘束されたり、逮捕されたりすることなどない。また、労組や活動家の政治的な道具でもない。いわば、手紙を書いたり音楽を演奏したりすることと同じ、表現活動の一つなのである。

そうした誤解だらけの状況の中、河出書房新社からデモについての手引書『デモいこ！――声をあげれば世界が変わる　街を歩けば社会が見える』が二〇一一年末に刊行された。

同書は「デモとは何か」を簡潔かつわかりやすく解説した後、実際にデモを実行する際の手順が、はじめての人にもわかりやすいように説明されている。また、デモの歴史的概要や、実際のデモ参加者の感想や、デモ主催者へのインタビューなどもあわせて収録されている。A5判総六十四ページというコンパクトな冊子であるが、たいへんに充実した内容となっている。まさに、ありそうでなかった一冊といえよう。

同書の編著者であるTwitNoNukesは、ツイッターをきっかけに結成された脱原発デモを実行する有志のグループであり、そのほとんどが社会運動や政治活動とは関係のなかった人々である。

同書の執筆者の一人である松沢呉一氏は、「デモのことを知らない人があまりに多いことに、大きなショックを感じた」という。

「デモに対して『無許可であんなことをしていいのか』と言う人がたくさんいることに驚いた。我々の世代なら、デモの際には警察に届け出るというのは当たり前のこと。それが、いつの間にか誤解だらけになってしまった」（松沢氏）

したがって、同書の内容は、ごく当たり前のことばかりである。しかし、デモに関する誤解ばかりが横行する現代では、重要な情報を提供してくれるものではなかろうか。実際、インターネットの普及によって昔に比べて情報収集手段が格段に飛躍した現代でも、デモを主催実行する際の手順をまとめたものはどこにもなかったわけである。

デモをしてみようという呼びかけは、いわば「詩や俳句を書いてみよう」とか、「みんなでラジオドラマや自主映画を作ろう」と同じ表現活動である。そのことは誰もが忘れていたことであり、今回の震災ならびに福島第一原発の事故によって、改めて気づいたと言えるのではなかろうか。

## 「6・11脱原発100万人アクション」が全国同時開催

二〇一一年六月十一日、複数の市民グループの呼びかけによる「6・11脱原発100万人アクション」が全国各地で開催された。筆者が確認したところ、四十四以上の都道府県で行われたことがわかった。ネットなどで広報することなく小規模に行われたイベントなども多かったというから、その実数はさらに増えるものと考えられた。また、今回の企画が「デモ」ではなく「アクション」となっているように、街頭デモだけでなく、講演会や学習会、映画上映会、ディスカッション、ライブコンサート、写真展など多種多彩に展開された。

東京でも各地でデモや集会が実施されたが、中でも四月十日の「高円寺デモ」を企画した「素人の乱」が主催する「新宿デモ」には多くの参加者が集まった。

スタート地点の新宿中央公園には、雨模様だったもののすでに十四時過ぎには目測で五〇〇～六〇〇人以上が集まっていた。スタート前には主催者挨拶の後、賛同者のスピーチやバンドの演奏なども行われた。その中には、渋谷に引き続きタレントで歌手の藤波心（こころ）氏によるメッセージや、アイドルグループ「制服向上委員会」の面々が『ダッ！ダッ！脱・原発の歌』を披露。聴衆の喝采を浴びた。

デモ隊は十五時にスタート。すでに雨も上がり、天候としてはまずまずの状況となった。デモ隊は、高円寺や渋谷と同じくいくつかの悌団に分断されての行進となった。多くの警官隊に囲まれながら、甲州街道を新宿駅南口方向に進み、同西口方面を通過して大ガードをくぐり、歌舞伎町から新宿三丁目手前で右折、再び甲州街道を通って新宿駅東口前広場がゴールだ。

当日は土曜日だったために、オフィス街である西口方面は通行人などが少ないと思われたが、それでも道を歩く人たちは立ち止まってデモ隊を見物する姿が多く見られた。中には、沿道の事務所や飲食店などから外に出てくる人々も少なくなかった。

しかし、デモの情報が、それほど広く伝わっていなかった側面は否定できない。デモ隊が通過している時、筆者は新宿に張り巡らされた地下街、つまり京王モールや新宿サブナードといった場所を走り回ってみた。そこは、震災前に比べていくらか通行人が少ないようには見えたものの、買い物客が行き来するという見慣れた光景だった。試みにいく人かの買い物客に頭上を通っているデモのことを聞いてみたが、「知らない」と首を振る人がほとんどだった。

デモ隊に目を移すと、歌舞伎町や駅前などの人通りの多い場所では、さらにデモの行列は注目を集めていた。さすがに実際に目にすると人々の関心も湧き起こるようで、「これって、何なの？」と驚くアベックの姿や、「新宿ですごいデモがやっているよ」と携帯電話で興奮気味に話す若い女性の姿もよく見かけた。

渋谷のデモの時も感じたが、沿道の通行人がデモ隊に対して冷淡な目を向けることが少ないこと、脱・反原発というフレーズに目を向ける人が結構いることなどはある種の驚きだった。今回も、歌舞伎町をデモ隊が通過す

アルタ前にデモ参加者が続々と集まる

る際は、靖国通りを横断できずに通行人の多くが困惑したであろう。「迷惑だぞ」「さっさと通せよ」などと、野次の一つが飛んでもおかしくはなかっただろう。しかし、そんな気配はまったく感じられず、せいぜいクルマの流れの合間を見て横断する人が何人もいたくらいで、むしろ警察の交通整理の遅さに不満を口にする通行人が少なくなかった。

デモ行進の状況としては、小競り合いのようなものは何度もあったものの、全体としては無事に進んだ。新宿駅東口のいわゆるアルタ前にデモ隊の第一梯団が到着したのは、十六時二十三分頃だった。警察が流れ解散を命じたものの、応ずる参加者は少なく、次々にデモ隊が到着。アルタ前は凄まじい数の参加者でごった返した。

また、アルタ前には前回の渋谷に登場した、在特会や排外社などのメンバーで構成される「日本侵略を許さない国民の会」も再び現れた。やはり十名程度で、デモ隊のゴールにほど近いみずほ銀行前の一角に位置し、「お前ら、反原発なんてどうでもいいんだろう！」「日当はいくらだ！」「日本を愛せないやつは日本から出ていけ！」などというスピーチを繰り返していた。

この「～国民の会」がスピーチを繰り返している間、

周囲を私服警官がぐるりと取り囲み、つねに周辺を警戒していた。それは、「〜国民の会」メンバーの行動を警戒してのことだと思われた。

実際、「〜国民の会」メンバーはかなり興奮した状態で、すぐ近くで彼らの様子をデジカメで撮影していたり、メモを取っていたりした人物を見つけては、飛び掛ろうとする行動を見せた。すると、すぐに私服警官がそれを制止し、別の警官が撮影していた人物を「警察だ、あっちに行って！」と強引に遠ざけていた。

三月十一日から現在まで、民間レベルで原発推進を掲げている団体、あるいはその意思を明確にした団体は、在特会とその周辺のほか、一部宗教団体が「原発を止めると経済がストップする」「原発はクリーンなエネルギー。反原発は間違い」というデモを行ったと伝えられるが、どれほどの影響力を持っているのかは不明であるし、それが広がりをみせたという形跡も確認できない。

やがて十八時から「アルタ前アクション」へと移行し、音楽や歓声などによって参加者たちは脱・反原発のアピールを続けた。

一連の脱・反原発アクションでは、政治あるいは社会活動などとは縁のない、一般の市民の参加や関心が強いことが最大の特徴であろう。主催スタッフの一人である「東電前アクション」のシゲさん（五十七）も、「これだけ一般の人々が参加するのは、かつてのべ平連の時代以来ではないでしょうか」と話す。

「やはり政治とか理屈ではないわけです。今回の原発事故は、自分たちの生活に直結しているわけですよね。食べ物が危ない、水が危ないとなれば、誰もが関心を持って当たり前だと思います」（シゲさん）

日が落ちてからも、アルタ前からはなかなか人が去らなかった。警察は何度も解散を指示したものの、多くの参加者は応じなかった。そこで何度か警官隊が広場に侵入してきたが、大きな衝突などはなく、逮捕者が出ることはなかった。

こうした反原発運動の流れに、もちろん、悲観的な観測もある。

「この行動と熱意がどれほど継続できるのかがポイントだ。きょうの参加者だって、学校や仕事がある。（アクションが）先細りにならなければよいが」（五十代男性）

一方、原発停止に希望を寄せる声もある。前出のシゲさんは言う。

「現在、全国五十四基の原発のうち、三十七基が点検などで停止している。残る十七基が止まれば、脱原発の実現の可能性は高くなります。そのためにも、各地元での議会などへの働きかけが重要でしょう」

## 震災から半年
## 「9・11 脱・反原発アクション」で見られた諸相

東日本大震災から半年が経過した二〇一一年九月十一日、各地で原発稼動への反対や被災地である福島への支援を訴えるデモや集会が開催された。

その一つとして、経済産業省を取り囲む「人間の鎖」が実施された。これは「東電前アクション」に参加している団体などの呼びかけによるもので、福島第一原発とその周辺の地域が、いまだに収束の目処が立たないばかりか、住民の避難や安全確保すら進められていない現状に対して、原子力事業の監督官庁である同省とその下にある原子力安全・保安院に抗議するという趣旨である。

まず日比谷公園に集合した参加者は、十三時三十分頃に新橋方向に向けてデモ行進出発。東電ビル前などを経由して、再び霞ヶ関に戻って経産省前に集合。参加者が同省建物のある敷地外周の歩道を取り囲み、十五時五十分頃に手をつなぎ会う「人間の鎖」が成立した。同時に、内幸町側の同省正面では、被災地の現状について行政の不備などを指摘批判するスピーチが繰り返された。

この集会では制服や私服の警官一〇〇人以上による警備が行われていたが、歩行者の通路確保や諸注意のみで、特に混乱などは見られなかった。参加者は労組や市民団体などの姿が目立ったが、手製のプラカードを手にする市民も多数見られた。

「人間の鎖」が終了後、十七時からは有志による十日間のハンガーストライキが開始された。

一方、都内でもう一つの大きな行動として、新宿区内をデモ行進する「9・11原発やめろデモ」も開催された。主催は、高円寺や渋谷、新宿などのデモを呼びかけてきた素人の乱。一連のデモと同様、サウンドカーのほか、楽器やさまざまな横断幕にプラカード、中にはボディペイントを施したパフォーマーなど、工夫を凝らした演出での参加者が目を引いた。

ただし、このデモはこれまでとは違った状況となった。直前になって警察によってデモコースの変更を余儀なくされ、スタートとゴールが新宿中央公園に指定されたのだ。これについて、「警察がそこまでデモを仕切るのか」

という声がネットなどで上がった。事前に了承されており、しかも二度目となる新宿デモに、こうした警察の対応に疑問の声が少なくなかった。

さらに、このデモでは参加者から十二名もの逮捕者が出た。これまでの一連のデモでもっとも多い人数である。

この逮捕は人数が多いために、個々の状況を筆者はすべて把握しきっていない。また、当初は「参加者が警察の指示に従わなかった」「警官に食ってかかっていったのはデモ参加者のほう」などという情報も流れた。

しかし現場で見ていた者の中から、「警察のほうが敵対的な態度だった」「警官隊がデモの隊列に割り込んできたのが原因では」という声が多く聞かれた。

さらに、十三日になって、ある参加者が、「デモ隊を歩道に広げようとした」として逮捕された参加者を指名し、「そう発言したのは自分。したがって彼は誤認逮捕」という画像をネットに公開し、大きな波紋を広げている。

確かに、霞ヶ関と新宿では、警官隊の様子や雰囲気がまったく違うことを筆者も肌で感じた。また、多くの脱・反原発のデモや集会の参加者たちからは、警察の対応の「格差」についての証言も多い。この逮捕劇については、さらに波紋を呼びそうだ。

さて、デモ終了後、暗くなってから新宿アルタ前に移動したデモ参加者たちが集会を開催。社民党の福島瑞穂氏や作家でタレントのいとうせいこう氏などもスピーチを行った。また、アイドルの藤波心さんが『アンパンマンのマーチ』を、アイドルグループ制服向上委員会が『ダッ！　ダッ！　脱・原発の歌』をそれぞれ披露し、歓声と拍手を浴びていた。

新宿デモには、主催者発表で参加者一万人、一部新聞などのメディアでは参加者は二二〇〇人と報じられた。

## 右翼・民族派も立ち上がった「7・31右からの脱原発」集会とデモ

一方で、二〇一一年七月三十一日、民族派の有志による、脱原発をアピールする集会「右から考える7・31脱原発集会&デモ」が東京都内で行われた。この集会とデモは、鈴木邦男（一水会顧問）、蜷川正大（二十一世紀書院代表）、坪内隆彦（月刊日本編集長）、大石規雄（ｍｉｘｉより）、針谷大輔（統一戦線義勇軍議長）の各氏が呼びかけ人となって企画された（各氏の肩書きなどは公式ブログその他より）。

その趣旨は、原発事故によって危機にさらされている被災地と住民の救済である。福島第一原発の事故によって、原発というものの存在が日本の国土と国民をきわめて危険な状態に追いやる可能性が否定できなくなった。これを受けて、原発への疑問や拒否の姿勢を示した民族派の活動家や論客たちが呼びかけたところ賛同者が集まり、今回の集会とデモが実現した。

当日は雨模様の天候の下、集会会場である港区・芝公園二十三号地に続々と参加者が集まった。十四時から集会が開始。まず統一戦線義勇軍議長の針谷大輔氏が今回の趣旨について説明。福島がいまだ収拾の目処もつかない現状をとらえ、「いまが非常事態であることを訴えたい。右も左も関係ない」と強調した。続いて呼びかけ人や賛同者たちによるアピールが行われた。

その一人である鈴木邦男氏は、右翼・民族派の人々が反原発の姿勢を示すことに、これまで「左翼を利することになるのではという迷いがあったかもしれない。だが、保守や民族派の陣営からも原発への疑問や批判の声が次第に増えてきている。そうした声や、さらに今回の集会が実現したことは、非常に勇気のあることだと思う」との旨を述べた。

集会には一二〇名ほどが集まった。その一人、八王子から来たという和田勝洋さん（三十四）も、自分の考えから民族派の活動を続けているとのこと。脱原発という態度を見せたところ、「まわりの保守系や民族派の人たちからもずいぶん怒られました」と言うが、それでもあえて今回の集会とデモに参加。

「GWに福島に行って被災地の現状を見てしまったので、原発のことを考えないわけにはいかなくなりました。現地を見てしまうと、（原発推進は）無理です」とその心情を語る。

和田さんは新潟出身で、地元に柏崎刈羽原発を抱えていることからも、原発への関心は高いと言う。

また、会場には右翼・民族派の活動家だけではなく、環境団体のメンバーや、高円寺や渋谷の脱・反原発デモに参加した市民の姿もあった。とくに二十代から三十代の若い参加者が多かったのは、三月以来行われてきた数々の脱・反原発デモと共通する。

集会の後、十五時三十分からデモ隊が出発。参加者はこの時点で一三〇人程度。日章旗を先頭に、「福島の子供たちを救い出し麗しき山河を守れ！」「頑張れふくしま！　福島を見捨てないぞ！」などの横断幕に加え、「子供たちの命と麗しき山河を守れ」と書かれたのぼり旗が多く掲げられた。また、のぼり旗の中には民族派の論客として知られた故・野村秋介氏の言葉「友よ山河を滅ぼすなかれ」も目立った。

デモ隊は「脱原発を実施し、子供たちの命と麗しき山河を守れ！」「危険な原発を稼動させるな！」などのシュプレヒコールを続けながら進んでいく。先導する針谷大輔氏はシュプレヒコールの指揮を取るだけでなく、時おりスピーチも折り込み主張を繰り返していた。たとえば、「戦時中、時の政府は空襲が危ないとの配慮から軍部は子供たちを疎開させた。軍国主義と呼ばれている時代ですらそうした措置を取った。ところが、いまの政府は子供たちを福島から避難させることすらしていない」と非難。被曝の危険性にさらされている可能性が指摘される、福島の子供たちを対象とした学童疎開を訴えた。

経済産業省前では、デモ隊はさらに声を強めて「経産省・原子力保安院は人の心を取り戻し、すべての情報を公開せよ！」とシュプレヒコールが重ねられた。だが、経産省からの反応は何もなかった。

デモ隊は新橋の東京電力本店ビルへと進んだ。途中、内幸町の交差点で警官隊約十五名ほどが警備に追加された。

東電本店ビル前では、針谷氏をはじめデモ参加者はさらに語調を強め言葉に力を込め、「責任の所在なき東電救済法案、断固反対！」「東電のための税金投入、反対！」などとシュプレヒコールを続けた。さらに、「東京電力の人、誰かいるんでしょう。出てきなさいよ！」といった呼びかけも行われたが、誰一人出てくる者はなかった。この日、東電裏口にも警備員一人と警官一人が警備に当たっていたが、出入りする東電関係者の姿は見られなかった。

ちなみに、経産省前よりも東電ビル前のほうが警官の数が倍近くも増えていた。一時、警官隊が針谷氏を取り囲む場面があったが、とくに混乱などはなかった。

その後、デモ隊は数寄屋橋交差点方向へと進んだ。銀座に入ると、それまでとは違い通行人も格段に多くなった。銀座を行進している時点で、デモ隊の数は一六〇人から一八〇人くらいになっていた。

今回のデモにおいても、買い物客や商業施設の従業員など沿道からの注目を集めていた。これは高円寺や渋谷デモで見られたケースと同様で、やはり原発に対する関心の強さを現わすものと考えられよう。

デモコース終点の水谷橋公園では、終了の挨拶やビラ配布などが行われた。

このデモで印象的だったのは、何かある特定の対象に向けた攻撃的な感情などは一切なく、とにかく郷土と被災者に対する心情、救済への訴えに終始しているように思われた。また、民族派によるデモというよりも、民族派がすべての人々に対して呼びかけたデモという雰囲気であった。脱・反原発というものが思想信条に関係なく、広くそして確実に国民に広がりを見せている一つの形を示したようなデモであったように、筆者には感じられた。

さらに二〇一一年九月三日、横浜市内で民族派の有志が企画する脱原発集会、「9・3　右から考える脱原発集会&デモin横浜」が行われた。統一戦線義勇軍議長である針谷大輔氏その他各氏の呼びかけによるものである。

当日は、大型台風十二号が本州に上陸しており、その影響で暴風雨が予想された。だが、デモ隊出発前に数分のにわか雨があった程度で、天候による支障はなかった。

スタート地点で集会会場の横浜公園には、それでも台風を気にしてか前回に比べ参加者はやや少ない感じで、集会開始時でスタッフも含めて五十名ほどが参加していた。

十六時十分頃、やや遅れて始まった集会ではまず針谷氏があいさつし、福島第一原発の事故で放射性物質が広い範囲に拡散しつつある危険性について指摘。人々への安全確保、とくに「子供たちを救え」と強く訴えた。それから、一水会最高顧問の鈴木邦男氏その他の演説が続いた。民族派活動家の長谷川光良氏は、「思っているだけでは、やらないことと同じ。(今回の原発事故被害を)自分の問題として、具体的なアクションを起こすことが重要だ」と述べた。

また、七月三十一日のデモにも参加した著述家の松沢呉一氏は、「前回のデモには、正直なところ抵抗があった。自分が右翼だと見られたくないという思いがあったから。でも、そんなことを言っている場合ではないと感じた」と、率直な印象を語った。

一連の脱・反原発アクションでは、「理屈ではわかっているが、なかなかデモや集会には参加しにくい」という声をよく聞く。素人の乱が主催した新宿デモなど数々の脱・反原発のイベントに参加し、今回の集会ではチラシ配りなどの手伝いをする新沼史子さん(三十五)も、「知り合いでも『デモに参加したいけれど、共産党だと思われるのはイヤ』という人はいる」と述べ、「右翼にもがんばってほしい」と話す。

一連の脱・反原発の動きというものは、単純に環境や人体に危険なものへの拒絶という意思と論理によるものであって、本来は政治や思想信条には関係ないはずである。編集者の野間易通氏（四十五）が自身のツイッターで「脱原発運動は消費者運動」と指摘したのは、状況を正しく理解したものといえよう。

さらに、脱・反原発の姿勢を続けているアイドルの藤波心さんも集会に駆けつけ、「私は日本が大好きです。もうこれ以上、私たちの国土を放射能に汚染させてはいけないです。経済がダメになるから原発が必要だと言う人がいます。でも、このまま放っておくと日本そのものがダメになってしまうと思います」とスピーチし、最後に唱歌『ふるさと』を三番まで歌って締めくくった。

今回の集会とデモでは、とくに「子供たちを救え」というアピールが強調された。これは、成人に比べて乳幼児や未成年者がより放射線による悪影響を受けやすいということに加え、二〇一一年八月に発覚した、横浜市内の学校給食に使用されていた牛肉についての問題点も指摘された。これは、横浜市内にある十六の小学校の学校給食で、国の暫定規制値を超える放射性セシウムが検出された福島県産牛肉が使用されていた可能性があると報道され、保護者や地域住民などから疑問や非難の声が上がった件である。

十七時十八分頃、横浜公園をデモ隊が出発。公園を出てすぐの横浜市役所前では学校給食の件を取り上げ、「横浜市教育委員会は危険な暫定規制値による学校給食を即時中止せよ！」「横浜市は子供たちに対して本当に安全な食の規制値を策定せよ！」とのシュプレヒコールを繰り返した。

十七時三十分頃にデモ隊は伊勢佐木モールに到着。この時点で、デモ隊参加者は一〇〇名を超えていた。

伊勢佐木モールでは一部警官との軽い押し問答があったものの、特に大きなトラブルもなくデモ行進は進んだ。商店街ということもあり、シュプレヒコールもそれまでのアクセントの効いたものとは異なり、語りかけるような口調でのアピールが続いた。また、女性スタッフが通行する市民に「子供を守れ」と印刷された風船を配って歩いた。

その後、デモ隊は関内駅北口の大通り公園石の広場に十八時頃到着。最後に針谷氏が改めて横浜市の学校給食に対する問題点に言及し、デモと集会は無事に終了した。

終了時の参加者は、筆者のカウントで一四〇名程度であった。

今回のデモでは、針谷氏ほか参加者からは、「子供たちを被曝から守ること、土地や食物の安全が確保されること。それだけを望む。そうしたことが実現できれば、右も左も関係ない」というアピールが強調された。

前回ならびに今回の集会とデモは、「右から〜」と銘打ってはいるが、いわゆる右翼的と見られがちなアピールではなく、素朴かつ率直に「郷土と子供たちの健康を脅かすものを取り除きたい」という意思によるものだったと感じた。前回は民族派の活動家や賛同者が多かったが、今回は一般市民の姿が目立った。また、都内や近隣からの参加のほか、茨城県つくば市から来たという男性もいた。

針谷氏は筆者のインタビューに、「今後も（脱原発についてのアクションを）続けていきたい」と意欲を見せた。

## 一万人規模のデモも報道はごくわずか

紹介した脱・反原発関連のデモや集会は、実際の開催の一部に過ぎない。実際には、全国各地でさまざまな催しが行われている。

しかし、それらが大手新聞や主要雑誌、全国ネットのテレビ局で報じられたり、取り上げられたりすることは、三月十一日から現在に至るまで、わずかでしかないのが現状である。一万五〇〇〇人を集めた4・11高円寺デモは、主催者ですら予想を大幅に上回る参加者であったにもかかわらず、ほとんどの新聞はデモの実施について概要を報じる程度であり、各テレビ局も夕方や夜のニュースで数秒の画像を流した程度だった。

その後、素人の乱主催の5・7渋谷デモや、全国各地で同時開催された6・11脱原発１００万人アクションなどについても、報道されたのは渋谷デモで四名の逮捕者が出た際くらいだった。この件について、あるジャーナリストは「大手メディアの取材は、逮捕者が出た時の顔写真目当てですよ」と言うが、その真偽のほどはわからない。

また、やはり継続的に続けられている「東電前アクション」についても、大手メディアで報道されることはほとんどない状況だ。

九月十九日には、原水爆禁止日本国民会議（原水禁）などが結成した「さようなら原発一〇〇〇万人アクション実行委員会」によって大規模な集会が明治公園で開催され、主催者発表で六万人の参加者を集めた。これは震災以後に行われたデモや集会の参加者では最大のものとなり、各新聞やニュース番組で取り上げられた。しかし、その扱いも決して大きなものとは言えず、キャスターのコメントや解説委員による説明などもほとんどなかった。

「やっぱり、ノーベル賞作家がスピーチすると、その分だけ扱いに差が出るのかね」

同集会でノーベル賞受賞経験のある小説家、大江健三郎がスピーチしたことをとらえて、ある男性はそうつぶやいた。

それにしても、なぜ脱原発関連のデモや集会は報道されないのか。ある地方紙の記者は、笑いながら言った。

「どうして（全国紙は）記事にしないのか、わかりませんね」

筆者もまた同感である。なぜ既存メディアが、庶民の感情表現や意思表示であるデモや集会を報道しようとしないのか。その理由はわからない。しかし、確実なことが一つある。事実として、既存メディアはよほどのことがない限り、3・11以降の脱原発のアクションについて報道した経験を持つ機会を失ってしまったということである。それがどのような意味を持つかは、今後の評価を待つほかはないだろう。

## 東電会長宅にデモやハンストなども実行される

二〇一一年も暮れようとしていた十二月になっても、東京電力に対する抗議活動はさまざまな形で続けられていた。デモや集会は恒例化していたし、有志によって設置された経済産業省前のテントによる、原発反対の座り込みも続いていた。

そうした中、十二月二十五日には東京電力会長の勝俣恒久氏の自宅に対して、リアリティーツアービューロ主催による東電の責任を問う抗議行動「勝俣さんちにお手紙を届けよう」が行われた。これは勝俣会長を直接訪問し、東電の解散を要求する文書を手渡そうというものである。

当日十三時、新宿アルタ前に集合した参加者約一〇〇名は、そのまま四谷三丁目にある勝俣氏の私邸へと向かった。四谷三丁目交差点を右折し、勝俣邸に向かう路地にツアー一行が進もうとしたところ、複数の警官が「通らないで」と一行の進行を阻止した。

このツアーは、届出が必要なデモ行為ではない。参加者はとくに示威的な物品などを携帯していない、もちろん武器や凶器の類も持参していない、一般の市民たちである。そして、別に過激な行動を計画しているわけではない。単に勝俣氏に文書を届けることを予定しているだけだ。にもかかわらず、警官隊が市民の徒歩での通行を妨害したのである。

これに対してツアー参加者が、「なぜ通さないいんだ」「公道なのにおかしい」などと抗議したものの、警官隊はこれを無視する形で事実上路地を封鎖し、勝俣邸へのツアー参加者の進行を妨げた。

「勝俣さんちにお手紙を届けよう」ツアーのチラシ

その後、しばらく警官隊とツアー参加者とのにらみ合いが続き、「通せ！」「警察はなんで東電を守るんだ！」などといった怒号も飛んだ。しかし、警官待機はそうした声に明確に答えることなく、ひたすら無言でツアーの行く手に立ちふさがった。参加者たちの抗議の声がさかんになると、さらに増員して対抗した。

そうした「通せ」「ダメだ」といった押し問答の後、ようやく警察は「五人ずつであれば路地に入ってもよい」と認めた。そこでツアー参加者が路地を進んでいったが、勝俣邸の前は制服と私服の警官で固められており、参加者たちに警官は「さあ、もう帰って」と追い立てるばかりだったという。

さて、勝俣邸に警察官が常駐していることは、あまり知られていない。この「勝俣邸ツアー」の際に、ツイッターなどで「四谷周辺に警官が多いのは、迎賓館などの施設があるのでその警備のため。東電とは関係ない」などと指摘して笑うツイートがあったが、おそらく、まったく事情を知らずに言ったのだろう。

だが、そのように笑う人たちも、無理はないのかもしれない。政治家でもない、単なる私企業の経営者の自宅に、警官が常駐しているということ事態が異例である。しかも、単に私邸周辺を警官が巡回しているのではない。私邸に接する形で専用の施設が設置されており、まるで民間のガードマンのように勝俣邸を警備する形になっているのである。

この点については、鹿砦社刊『東電・原発おっかけマップ』の製作スタッフの一人である宮崎美乃利氏が直接訪れ、実際に勝俣邸を警備していた警官に「なぜ民間企業の会長宅を警備しているのか」という旨を質問している。しかし、当の警官や駆けつけたその上司も明確に答えようとはせず、「副署長にアポを取ってほしい」「ノーコメント」などと繰り返すばかりであった。

いずれにしても、私企業の幹部の私邸を公務員たる警察が常駐して警備しているというケースは、きわめてまれであると同時に、その理由すら明確に答えられないという事態もまた、通常では考えられないことである可能性が払拭できない。

さらに、二〇一一年の年末には勝俣邸近くで東京電力の責任を問うハンガーストライキも実行された。

ハンストを挙行したのは、都内に住むライターの山口祐二郎氏（二十六）である。山口氏は当初、十二月三十日午前〇時から勝俣邸前の路地でハンストを開始した。ところが、開始直後から山口氏に対して勝俣邸に常駐する警察官が「通行の妨害になる」などの理由で退去を要求した。これに対して山口氏はその場でのハンスト実行を主張。警官との押し問答の末、ようやく警官側から「ここでは困る。近くに公園があるからそこに移ってもらいたい」と指示された。山口氏の意思は強かったが、たしかに路地は公道であり、地域に迷惑をかけるわけにもいかなかった。山口氏は仕方なく、警察が示した左門町公園へと移動した。勝俣邸前からは徒歩で数分。四谷警察署の道を隔ててほぼ正面に位置する小さな公園である。

ところが、左門町公園に移ってからも、山口氏に対する警察の干渉は続いた。山口氏は公園の敷地内で支援者から提供されたテントを張ってその中で過ごし、明るくなってからは数回にわたって勝俣邸を訪れ、東電の責任を追及するシュプレヒコールを行った。その間も、山口氏は完全なハンストを続けた。

通常、ハンストといっても水分は補給する。しかし、山口氏は水すら摂らない、非常に過酷なハンストを続けていた。なお、山口氏は民族派団体の統一戦線義勇軍に

「ハンストを続けられず残念」と語る山口氏

所属しているが、今回のハンストは民族派としての活動ではなく、あくまで個人としての抗議活動であった。

その山口氏に対して、警察は三十日の夕方になって、今度は「テントを畳むように」と要求してきた。その理由は「都条例に反するから」とのことだった。だが、深夜ともなれば氷点下にまで気温が下がる季節である。まして、食事を摂らない状態では体温の低下も防げない。「テントを畳め」という要求は、なんとかしてハンストを中止させようとするものと疑われてもおかしくはなかった。

その後、山口氏の様子を見かねた地元住民の理解によって、「地域としてはテントの設置くらいかまわない」という同意が得られた。これによって、警察も強行にテントの撤去を要求できなくなったようである。

その後も、地元住民ならびに支援者の協力や励ましによって、山口氏のハンストは続けられた。しかし、三十一日の夜になると、さすがに山口氏も衰弱した様子を見せていた。夜九時を過ぎた頃から、支援者の一部から「さすがにもう無理だ」「ハンストを中止して病院に運ぼう」という声が上がった。九時四〇分頃、支援者が山口氏の体温を測ると、三十四・四度しかなかった。明らかに低体温症だった。それでも山口氏は「大丈夫、まだ続けます」と笑顔を見せた。十一時頃になって、見かねた山口氏の知人が一一九番通報し救急車が到着したが、山口氏はそれを断りハンストを続行した。

だが、誰の目にも限界は明らかだった。そして年が明けた一月一日午前一時頃、山口氏の所属する統一戦線義勇軍議長の針谷大輔氏が左門町公園に駆けつけ、「これ以上続けると死ぬぞ。やめろ」と説得した。それでも山口氏はハンストを続ける態度を見せていたが、熱心な針谷氏の説得に、ついに続行を断念した。

その後、山口氏は針谷氏や支援者によって都内のホテルに運ばれ、水分と睡眠をとって体力を回復した。

山口氏のハンストについては、ツイッターなどで「パフォーマンスではないのか」などといった疑問視する意見もあった。しかし、山口氏の行動を「命がけの抗議」ととらえ、東電本店ビル前での抗議行動などに参加する市民も現れた。

デモや集会その他の脱・反原発行動について、しばしば「何をやってもムダ」とか「何も変わりはしない」などと冷笑する向きが少なくない。だが、どんな行動がどのような人々に影響を与え、いかに現実が変化するかは、予測できない部分が少なくない。少なくとも、山口氏のハンストは、市民を動かしたという点で現実の一端を動かしたことだけは確かであろう。

# 第5章　反原発をめぐり混乱する発言と市民の動き

## デモ以外にも広がりと多様化を見せる脱・反原発行動

いっこうに収束の気配すら見えない福島第一原発の状況に対して、一般市民、庶民のいらだちと不安、怒りの声は収まる様子がない。また、当事者である東京電力ばかりでなく、その監督官庁である経済産業省なども当然その対象となっており、さらに住民への適切な情報提供すら実施しない、行政や自治体への不満もつのるばかりである。

そうした現状を反映して、全国各地では脱原発や反原発を訴える行動が二〇一一年十二月になっても続けられた。「反原発のデモの類も少なくなった。やはり一過性のものだった」などという意見も見かけるが、現状を正しく把握しているとは考えられない。

現実には、規模こそ小さなケースが多くなったものの、脱・反原発を訴えるデモは毎週のようにどこかで実施されている。また、デモだけでなく集会やディスカッション、ワークショップ、講師を招いての講演会、映画上映会など、さまざまな試みが続けられている。東京・霞ヶ関の経済産業省前には有志によってテントが設置され、原発に対する抗議の座り込みが続けられている。

また、脱・反原発行動は首都圏だけのものではない。そもそも、日本には全国十七箇所、停止中なども含めて五十四基の原発が存在している。福島第一の事故によって原発の安全神話が崩壊した今日、原発事故の危険性は理屈ではなくなってしまった。日本各地で、理屈ではない、現実の問題として実感している人々が非常に多いということである。実際、現在続けられている脱・反原発行動は、首都圏だけに留まらない。たとえば、北海道でも北海道電力の泊原発を巡って市民レベルの原発に対する抗議活動が継続している。その様子は札幌在住のジャーナリスト小笠原淳氏が取材を続けており、月刊誌『北方ジャーナル』においてその動向を紹介している。ほかにも、各地では地道に脱・反原発行動が続けられており、もはやトレンドでは片付けられないような状況であることは明らかだ。

こうした数々の行動は、単にマスコミなどで報じられていない、あるいは人目につきにくいだけのことで、決して下火になったわけでも、まして飽きられたわけでもない。いかにマスコミが無視しようとも、脱・反原発の行動が継続していることは明確なのだ。

仮に、脱・反原発行動に対して「飽きている」者がいるとしたら、それは何より現実を表層でしか見ようとしない、大手マスコミの人間たちだけであろう。マスコミの記者などの一部には、二〇一一年三月以降に行われるようになった脱・反原発のデモに対して、「あの手のデモは労組や左翼活動家が動員しているだけ」と、疑いもなく思い込んでいるケースが少なくない。

## 「東電社員は利用お断り」を公言した風俗店

東電や原発擁護の学者や役人に対する抗議行動は、街頭でのデモばかりとは限らない。市民ができる範囲での行為や行動によって、抗議の意思を示す行動を起こすケースも起きている。その一つとして、東電社員などに対して「入店お断り」の意思表示をした風俗店が話題を呼んだケースがある。

その風俗店は、札幌・ススキノにあるメンズエステ『オリーブガーデン』。届出を出して営業している、正規の風俗店である。

同店では公式ホームページに、二〇一一年九月十四日付で「重要なお知らせ」と題する以下のような文章を公開した。

---

福島原子力発電所の問題が解決するまで東京電力の

正社員、オリーブガーデンのご利用を一切お断り致します。また、沢山の方からの提案で原発推進派の御用学者様の入店もお断り致します。なお、下請け会社で現場で日本の為に尽力を尽くされている方々は含みません。領収書で、宛名を書く都度憤りを感じ、そんな暇があるなら仕事しろということです。入店後発覚した場合、サービスは即中止。料金の返金にも応じません。貴方の◎◎◎を臨界に達して、メルトダウン、させている場合ではありません。


これについて同店に取材したところ、来店した利用客から「東京電力の宛名で領収証を切るように」と指示されたことがきっかけだという。同店のスタッフは言う。

「最初、『白紙の領収証をくれ』と言われました。そこで、白紙では切ることができませんと申しましたところ、宛名は東京電力でと指示されたのです」

この利用客が、本当に東電社員なのかどうかは不明だ。同店スタッフも「社員証や社員バッジで確認したわけではない」と言う。しかし、さまざまな情報をもとに考えてみると、東電が外注や下請けに対して、飲食代や遊興費などの経費を認めるほど優遇するようなケースは考えられない。もし東電が経費を使うとしたら、正社員かそれ以上の自社関係者、あるいは優遇に値するポジションにある個人や団体に対してという可能性のほうがより高い。

ともかく、同店では後になって「これはおかしい」と考えるようになったという。

顧客の情報を公表するということは、企業倫理に反すると非難される可能性は否定できない。しかし、東電は福島ほか被災地住民ばかりか利用者にまで多大な迷惑をかけておきながら、ズサンとしか言いようのない対応を続けている。

しかも、被災地住民の補償すらろくに進んでいないうちに、いったん減額した自社社員の賞与を元に戻す予定であることが報じられ、また被災者補償のためと称して電気料金の値上げまで主張している。

さらに、福島原発で働く作業員の食事を無償から有償に変更するなど、まさに、住民や消費者の苦しみをよそに、自社優先、身内優遇の傲慢体質を露呈していると言わざるを得ない。

こうした状況に、同店としては我慢ができなくなったというのだ。

「日本中のみんなが復興のために必死になっているというのに、自腹ならまだしも、会社の経費を使って風俗店で遊ぶとは何ごとだと思いました」

いわば義憤から、「東電正社員ならびに原発推進御用学者お断り」という決断をして、社会に問いたいという意思表示であるといえよう。

この行動に対して、予想以上の反響が起こった。まずインターネットのニュースサイト『ロケットニュース24』が報じ、その記事が各ネット媒体に配信されると、同店の公式ホームページにアクセスが激増。その日のうちに四回もサーバーが落ちるという事態にまでなった。

さて、東電の社員が札幌のススキノにわざわざ遊びに来る可能性はどの程度なのだろうか。一見、その確率は低そうに見える。北海道内に東電の支社や事業所はほとんどないからだ。

しかし、札幌は意外に東北各地からのアクセスが良い。空路を使えば、むしろ陸路より便利でもある。たとえば、仙台空港から新千歳空港までは一時間十分程度だ。札幌・ススキノまではたいした時間ではない。そして、ススキノの風俗店は、女性のレベルの高さやサービスの質が良いことで定評がある。

さらに、「たかが風俗のためだけに、わざわざ北海道まで赴くのは不自然」と考えるかもしれない。だが、実際には遠方から飛行機などを使って利用者がススキノに立ち寄るケースは少なくない。ススキノの風俗店の中には、航空チケットの半券提示で割引などのサービスを実施している店も少なくない。

こうした状況を考えれば、高収入で知られる東電社員が「ススキノまでちょっと足を延ばす」可能性は、高いとは言えないまでも否定はできない。

次に、風俗店の領収証を企業の経理が受理するかということについてだが、これも同店に確認したところ、「法人名での領収証をお渡ししています」ということだった。これも、全国各地の風俗店で慣例的に行われていることである。つまり、明らかに風俗店とわかる領収証ならともかく、単に「××商事」といった企業名の領収証であれば、経理担当者が飲食費や接待交際費という名目によって処理する可能性が高いといえよう。

さて、この件について北海道・札幌在住のジャーナリスト小笠原淳氏が取り上げ、月刊誌『北方ジャーナル』の公式ブログで紹介したところ、評論家の小谷野敦氏（四十八）から以下のような疑義が寄せられた。

同店の措置は、あきらかに特定企業に対する差別である。経費での利用を拒否するというのであれば、東京電力を含むあらゆる企業にそのルールを適用しなくてはならない。たとえば自動車会社は年間七〇〇〇人もの人たちを死なせており、私なら自動車会社にこそそういう扱いをして貰いたいと考える。まして、東電は一人も殺していない。不祥事を起こした企業ということでも、同社以外に問題のある会社がたくさんあるのは言うまでもない。原子力発電所事故などが現在たまたま大きな話題になっているからといって、名指しで公然と出入り禁止扱いするのは、差別以外の何物でもない。

この小谷野氏の指摘は、一見するともっともらしく見える。しかし、よく点検してみると、いくつかの間違いがあることに気づく。

まず、小谷野氏は東電に対するサービス拒絶を「特定企業に対する差別」と述べているが、オリーブガーデンが実施しているのは売買行為の拒否に過ぎない。通常の経済行為の中で、緊急性や生活の維持などに必要な場合を除いては、売り手は買い手を自由に選ぶことができる。つまり、誰に売ろうと、あるいは誰に対して「貴方には売らない」と決めようと自由である。したがって、オリーブガーデンがその営業の範囲内で「お断り」と宣言しても、何ら差別ではないし、まったく問題はない。

これがもし、ある業者が広く社会一般に対して、「東電社員には商品を売らないようにしましょう。サービスを拒否しましょう」などと呼びかけたとしたら、あるいは差別的なアピールになるかもしれない。しかし、オリーブガーデンの場合は、「当店ではお断り」という、あくまで自己責任の範囲で抗議の意思を示しているに過ぎない。

また、売買契約というものは一方的なものではなく、双方向で成立する。つまり、「売らない自由」もあれば「買わない自由」も存在する。この点でも、オリーブガーデンの主張には何ら問題はなく、当然、差別などと呼べるものではないことは明らかである。

差別という点においては、東電の支配的な立場のほうがよほど差別的と言わざるを得ない。関東地方に住む住民は、生活に必要な電気を東電から購入するしか手段がないのが現状である。こうした状況では、庶民は東電の言いなりになるしかない。電気料金を支払わなければ、東電は情け容赦なく電気の供給をストップする。消費者による抗議手段であるボイコットも、事実上不可能だ。

こうした状況で、「東京電力社員には売りません」という意思表示は、東電という〝怪物〟に対する、数少ない抗議の手段と考えられる。それは、何も東電社員という個人を排除しようという力学ではない。あくまで「東電に対する抗議の意思」が主眼だからである。

このように混乱した状況においては、一見するともっともらしい詭弁や錯誤が往々にして発生する。一〇〇ページでくわしく述べるが、震災直後に起こった「買い占めデマ」も、混乱し不安になった人々の心の隙に生じたものであったと考えられる。

いずれにせよ、小谷野氏が行ったような、正当に見えるようで実際にはまったくピントはずれの主張に惑わされないよう、くれぐれも注意しなくてはならないだろう。

## 混乱した発言を繰り返す自称ジャーナリストや自称エコノミストたち

脱・反原発の行動に対して、個人のレベルでの指摘や批判もまた少なくない。その中には示唆に富む発言や意見が多い反面、まったく問題のずれた、あるいは個人的な悪意ばかりで論理的な思考に欠けるものも数多く存在する。

たとえば、経済評論家の池田信夫氏は、「基本的には原発には反対」という姿勢を示しつつも、経済優先というスタンスから原発擁護の発言を繰り返している。その論点はいくつかあるが、以下の二点を根拠にした発言が目立つ。

①原発は将来的になくすべきだが、日本の経済活動は原発に依存している点を考慮すべき。

②福島第一原発の事故による放射能漏れの影響は過大に宣伝されていると思われるため、放射能の悪影響をことさら強調する必要はない。

この二点から、池田氏はマスコミや脱・反原発行動に対して繰り返し非難を加えている。

たとえば、福島第一原発の事故や放射能の危険性を指摘する報道に対して、震災直後から「不安を煽るだけ」「放射線はそれほど危険なものではない」などという主旨を強調した。

だが、池田氏は経済評論家であり、とくに専門的な自然科学に関する教育や訓練を受けた経験や、あるいはそうした知識を獲得した経歴などは見当たらない。また、そうした知識があるという根拠も見つかっていない。その発言から推測できるのは、どちらかというと科学的な知識や手法にあまり慣れていない、素人っぽい発言や体質である。

たとえば、京都市が五山の送り火で、被災地である陸前高田からの木材の使用を中止した際の、池田氏のツイッター上の発言である。

「燃やしてしまうのだから、セシウムも分解する。これでどういう健康被害が出るのか、京都市は専門家の見解を明らかにすべきだ」

池田氏の発言はきわめてあいまいなことが多いため、これだけでは判断しがたいかもしれない。おそらく、被災地の木材を使用することに反対した人々への批判として表現しているのだろう。その主旨はもっともしても、「燃やせば（放射性）セシウムは分解してしまうので、放射能の危険性はない」と読み取るしかない文章である。そうした意図であるとしたら、科学的にはまったくの間違いであると言わざるを得ない。

言うまでもなく、放射性セシウムは通常に燃焼させただけでは科学的に分解することはなく、少なくとも放射能が消失または数値が低下する可能性もきわめて低い。実際、放射能汚染された廃材などを焼却した灰などから高い数値の放射性セシウムが検出されたこともある。だが、こうした事実について、池田氏はまったくコメントしていない。

ほかにも池田氏が「放射能の危険性は低い」とする根拠も、インターネットなどから適当に引用した資料などを都合よく拝借しているに過ぎない。そして、いざ主張が危うくなると、「自分は素人だからわからない」と発言を放棄するか、あるいは「自分の言うことが理解できない者はクズ」などと、感情的になって発言を拒絶することがしばしばある。

また、エコノミストらしく経済効率を重視するあまり、「費用がかかる割には効果が期待できない除染はムダ」との発言も多いが、それに対する反論も、「植物によって吸収されるのを待てばよい」といったものが多い。

だが、その植物による除染効果も、これといった決め手のある方法が確立されているわけではない。震災後に期待できるとして農林水産省が実施したヒマワリを使った実験でも、除染の効果は低いというさんざんな結果だった。

仮に植物による除染が効率よく行われたとしても、その放射性物質を吸収した植物の処理について、はたしてどうすればいいのか。先の「セシウムは燃やせば安全」と考えている池田氏のことであるから、やはり燃やしてしまえば問題解決とでも考えているのだろうか。

さらに、経済的効率や放射能汚染軽視の観点から、市民による脱・反原発行動に対しても、池田氏は執拗に攻撃する。まず、震災直後から継続的に行われている脱・反原発デモについては次のように切り捨てる。

「反原発デモは超少数派。何の影響力もない」

前章で見たように、二〇一一年の脱・反原発デモへの参加者は、四月十日の高円寺デモや五月七日の渋谷デモ、六月十日の新宿デモなどで、いずれも約一万五〇〇〇人の参加者を集めた。その数は最近の市民レベルの活動ではかなりの人数である。とはいえ、東京および近郊の人口に比べれば確かに少数である。また、国民的な運動として盛り上がった一九六〇年の反安保闘争では、六月十五日に全国で約五八〇万人がデモや集会を行い、安保条約が自然承認される六月十八日から十九日にかけての深夜には、三三万人のデモ隊が国会を取り巻いた。そうした経験や記憶を持つ者からみれば、一万人程度のデモは小規模に感じられたのかもしれない。

だが、デモ参加者だけが脱・反原発の意思を示しているわけではない。マスコミその他の調査によって、国民の八割以上が原発の稼動や設置、維持に反対または容認できないという意思であることが認められる。そうした事実を無視する池田氏の意図は、果たしてどこにあるのだろうか。もしかしたら、池田氏は「デモなんてやる者は少数派」と言いたかったのかもしれない。

しかし、震災後の池田氏の発言は、ことごとく脱・反原発派をこき下ろす内容のものが目立つ。脱・反原発デモについても、たとえば次のような発言を続けるようになる。

今日のしょぼい反原発デモが昔の学生運動と違うのは、かつては知的エリートが闘士だったから社会的インパクトが（よくも悪くも）あったこと。今は老人と情報弱者の暇つぶしで、何の影響力もない。

（二〇一一年九月十九日のツイッター）

池田氏は「しょぼいデモ」と表現しているが、何をもって「しょぼい」と言っているのか、その根拠はきわめてあいまいである。何より、池田氏が実際にデモを見物したり、取材したりした形跡はまったくない。せいぜい、報道やネットの動画投稿サイトで情報を得た程度ではなかろうか。いずれにせよ、断片的な情報のみで対象について知り尽くしたような気分になっているところに、池田氏の現状認識の不十分さが明確に現れていると言えよう。

先ほども触れたが、池田氏は今回の脱・反原発デモを、おそらく六〇年代や七〇年代の学生大衆運動と比較しているようである。しかし、そこに意味があるとは考えられない。なぜなら、今回の脱・反原発デモとかつての学生運動とは、まったく性格も行動も構成も異なるからである。

さらに、池田氏は今回のデモの参加者を「老人と情報弱者の暇つぶし」と決め付けているが、その根拠もまったく不明であるし、この発言によって池田氏がいかに今回の脱・反原発の実像をまったく理解していないかを明らかにしている。実際には、デモ参加者は一般市民が大部分で、勤労者や若者も数多く参加していたことは、本書でこれまで見てきたとおりだ。どんな根拠で「暇つぶし」と発言できるのか、その点もまた不明である。

そして池田氏は「何の影響力もない」と断言しているが、これについても何の根拠も、それを裏付ける事実も見つかっていない。そもそも、デモや集会の影響が、実施直後すぐになぜ池田氏にわかるのだろうか。デモのような行動の影響がいつ現れるのか、どのように現れていくのかは、およそ計り知れないものがあると考えるのが自然である。化学変化のように、明確に目に見えるものではないのは明らかだ。

今回の脱・反原発デモが、社会にどのような影響を及ぼしているのか、具体的な答えはまだ出ていない。もしかしたら、池田氏が言うように何一つ社会に対する影響がないまま終わってしまうかもしれない。また、そうではないかもしれない。確実なことは、現時点では何もわからないということである。少なくとも、知らないという事実に、われわれはもっと謙虚になるべきだろう。

しかも、「知的エリート」などというものを持ちだすという点には、池田氏の差別的な感覚が露骨に浮き出ている。まるで、世の中を動かすのは知的なエリート層であり、一般庶民にはそのような力はないと決め付けているかのようだ。

そもそも、池田氏はデモそのものを直接見ていないのではなかろうか。池田氏の発言は、デモに対する具体的な状況が語られることは一切なく、抽象的なイメージによる表現ばかりが羅列してあるに過ぎない。すなわち、池田氏の発言内容は、精緻な分析や論理的な思考によるものではなく、単なる情緒的な感想、あるいは根拠のない個人的な願望に過ぎないことは明確に理解できる。

そして、池田氏はその一方で「放射能はそれほど危険ではない」という主張をさらに強めていくのであるが、その過程で実に珍妙な説明を持ち出すようになる。

たとえば、池田氏は自身のブログの五月十一日付エントリー「酒やタバコは放射線より恐い」では、生活習慣と発がん性の関係に触れ、放射線の影響による発がん性のリスクは喫煙や運動不足、野菜の摂取不足などに比べて格段にリスクが高いものではないと主張する。

> 発癌性という点では、特に危険なのは酒とタバコである。健康被害を減らすためなら、原発の放射線の処理に何兆円もかけるより、酒とタバコを禁止するほうが有効だ——こう書くと「放射線は選べない」とかいう人がいるが、原発の周辺に住まないことは選べるし、逆に受動喫煙は選べない。そんなことは問題ではないのだ。
>
> （二〇一一年五月十一日）

一見するともっともらしく見えるが、池田氏はとんでもない問題のすり替えを行っている。いうまでもなく、飲酒や喫煙による健康被害と、福島第一原発事故の放射能漏れによる健康被害の可能性とは、まったく別の問題である。したがって、仮に禁酒禁煙によって健康被害が減少したとしても、それは酒やタバコによる健康被害が減ったということに過ぎない。それによって、福島第一原発事故の問題は、何一つ解決していないし、そもそも何の関係もない。

このように、池田氏が自信満々に公言している意見には、論理的な考察がすっかり欠落しているケースが少なくない。その論理性ならびに妥当性の不備は、まるで「できの悪いジョーク」のようだ。

さて、池田氏が放射能の被害を珍妙奇天烈な論法で誤魔化している一方で、放射能の危険性を警告するかのように見えながら、実際には単に放射能の危険性を題材にして憎悪を扇動しているだけの人物もいる。群馬大教育学部教授で火山学者の早川由紀夫氏だ。

早川氏は早くから福島第一原発事故に関心を持ち、その危険性を警告するために、事故の影響によって漏れ出した放射能の広がりを示した「放射能汚染分布地図」、通称「汚染マップ」を作成し、インターネット上で公開した。

ところが、その後になって早川氏は、ツイッター上で実に不可解な発言を繰り返すようになっていく。それは、福島という地域とその住民、とくに農業関係者を非難し罵倒する内容である。その理由は、土壌や水が放射能で汚染されていることを知りながら稲作を続け、出荷可能な米を生産したことは、放射能汚染を積極的に推進することと同じだという理屈からである。たとえば、次のようなものだ。いずれも、早川氏のツイッターからの引用である。

「もし福島県が汚染を周辺に拡大しようとするなら、武力をもってしても食い止めなければ、国全体が滅ぶ」

（二〇一一年六月十一日）

「福島県内の毎時二マイクロシーベルト以上の水田でいま稲を育てている農家は撃つべきである」

（二〇一一年七月十四日）

「セシウムまみれの干し草を牛に与えて毒牛をつくる行為も、セシウムまみれの水田で稲を育てて毒米つくる行為も、サリンつくったオウム信者がしたことと同じだ。福島県の農家はいま日本社会に向けて銃弾を撃ってる」

（二〇一一年七月十一日）

「いままでは理解しがたいと思っていたが、いまからはそういう農家は私の敵だとみなすことにした。毒を口に入れられてはたまらない。殺される前に殺す」

（二〇一一年七月十五日）

「正直、もう、福島県ナンバーの車には近寄ってきてほしくない。（避難した人は、はやくナンバープレート変えなよ。いっしょにされるよ）」

（二〇一一年十月二十二日）

「オウム信者はマインドコントロールされてサリンつくった。福島農家は正気で毒コメつくった。どっちにより気の毒な事情があるかは明らか」

（二〇一一年十一月二十八日）

「六万戸のコメ農家が生産した何百万袋の一つにでも毒が入っていたら、それを流通させた行為は殺人行為なの。それを生産した農家は殺人者なの。まだ未遂だけどね」

（二〇一一年十一月二十九日）

「福島の農家のことなんか一つも心配していない。彼らが滅びても私は何も困らない。文字通り他人事だ。心配なのは、自分と家族の健康だ。毒を盛られてはかなわない」

（二〇一一年十一月三十日）

これらのツイートを、早川氏は「放射能の危険性を知らせるために」発信したと主張し、危機感から「過激な表現となった」などと述べている。

これに対して、ネット上などで「福島の住民に対する差別発言だ」といった批判が噴出した。しかし、その一方で「早川先生の言う通り」「福島の農民は殺人者だ」などという賛同者も、ツイッターなどに増加した。こうした同調者たちは、早川氏と同様に福島の住民を感情的に攻撃するだけではなく、早川氏の発言に疑問を呈する意見についても、「毒入りの米を作ったんだから福島の農民にも責任はあるだろう」「福島の農家をかばうやつも人殺しの共犯だ」などと、執拗に攻撃するケースも多く見られた。

このように、早川氏やその同調者たちには、自らの意見や感情と異なる者を排除し、あるいは徹底的に敵視するような傾向が強いと感じられる。

また、早川氏とその同調者たちの共通点の一つは、被災地や原発問題から遠く離れているという点が認められる。被災地近隣よりも、都内などのまだ安全とされている地域に住む者や、災害とは直接関係のない者などが多いようである。

また、筆者もツイッターで指摘されたが、早川氏の同調者の中には在外邦人も多く見られる。さらに、当の早川氏自身もすぐに避難などが必要な地区からは離れた安全な場所にいる。

事件や犯罪などにおいて、当事者や現場から距離が離れている者ほど、大胆あるいは短絡的な発言をする傾向はしばしば指摘される。たとえば、凶悪事件などが起きると、「こんな悪人はすぐに死刑にしろ」などと叫ぶのは、被害者でも遺族でもなく、事件の周辺にいる者でもなく、報道などで事件を知ったまったく無関係の市民だったりする。早川氏の発言問題についても、同様の傾向が見られたと考えられる。

この早川氏の発言に対して、「言葉は乱暴だが、放射能の危険性を真剣に考えているから」などという弁護の声もある。しかし、先に挙げたツイートの中に見られる、「福島県ナンバーの車には近寄ってきてほしくない」や「殺される前に殺す」などといった発言には、科学的な姿勢や人命尊重の態度は、カケラも見られない。単に大騒ぎを起こして喜んでいるだけと見られても仕方がないのではあるまいか。

それを裏付ける発言を、早川氏自身がしている。あるツイッターから、「そういうことはツイッターで言うんじゃなく、福島行って直接農家に言いなね。まったく、卑怯だね。中学生じゃないんだからさあ。福島への行き方くらいわかるでしょ？・？・」と問われたことに対して、早川氏は次のように答えている。

「うん。行くって何度も言ってる。行って説明する。どこに行って誰に会えばいいのかね」

（二〇一一年十二月二十二日）

まったく唖然とする発言である。「放射能の危険性を強調したい」などと言っても、具体的には誰に対して自らの主張をするのが妥当であるのかを、早川氏はまったく考えていなかったことを自分自身の発言として明らかにしているのである。

もし、この早川氏の発言、つまり「誰に説明すればいいのかわからない」というものが真意であれば、早川氏の数々の発言は、放射能の危険性を喚起するものなどではなく、単に福島県とその住民を罵倒し侮辱するものでしかなかったと思われても仕方なかろう。

ジャーナリストを名乗る人間の中にも、脱・反原発行動を揶揄するばかりでその実態や実情にまるで興味を示さない向きが少なくない。その一人が、ニュースサイト

『マイ・ニュース・ジャパン』のオーナーであり、自らもジャーナリストとして活動している渡邉正裕氏である。

その渡邊氏だが、脱・反原発行動に対して早い時期から見下したような姿勢を持っていた。二〇一一年八月の時点で、脱・反原発デモについてツイッターで次のように述べている。

「中国の反日デモと同じで、若者の不満のはけ口だから理由は何でもいいんじゃないか」

（二〇一一年八月二十二日）

ほかにも、一連の脱・反原発デモを「ガス抜きのお祭りパレード」と鼻で笑うような表現を繰り返している。

ここで注意しなくてはならないのは、別に渡邊氏が脱・反原発デモに対して否定的な態度だからけしからんということでは決してない。原発に異議を問う行動であっても、そこに何らかの問題が存在するのであれば、いくらでも指摘し批判すべきであろう。

問題なのは、渡邊氏が仮にもジャーナリストを名乗っているにもかかわらず、取材もせず、現実の状況をろくに確認もせずに、自らの憶測と先入観だけで発言しているとしか思えないからである。

そして、渡邊氏は何とも珍妙な視点から脱・反原発デモを非難していく。

「日本の反原発デモも二〇人くらい死ねば世界中が報じるのに。血を流さない革命なんてないし、本気度が疑われるってことだろう。デモしなくても原発は自然に減ってくし。デモが必要なのは増設すると言う奴が出てきたときじゃないの」

「やっぱデモって火炎瓶が飛び交って権力サイドの建物が炎に包まれないとサマにならないな。ジャスミン革命でなくとも、先進国でもイギリスなんて毎年やってて羨ましい。日本のデモは、お祭り、パレードと呼ぶほうが近い」

「権力側は自らに都合いいようにルール作ってんだから。デモは届出制とか笑わせるな、従うなよ、ってかんじ。それお祭りじゃん。大人しく逮捕されるんなら最初からデモなんてやんないほうがまし」

「本気のデモって既存の法律の枠内でやってるうちは何も変わらないから。革命は常にそう」
（以上、二〇一一年九月十九日）

「日本のデモも、平和的なパレードなんかやってないで、この大統領選に出馬した人みたいにマクドナルドを解体するくらいでないと。さすがフランス、民主国家だ」
（二〇一一年九月二十二日）
（二〇一一年九月二十八日）

すなわち、渡邊氏は日本の脱・反原発デモや集会に対して、「合法的に大人しくやっているのは本気ではない。ただのお祭り」と決めつけ、本気なら武力闘争などに向かえと言っているに等しい。だがいまどき、街頭での武力行使など、新左翼の活動家ですら口になどしない。

渡邊氏はまるで自らが一人前の革命家であるかのように自説を何度も繰り返しているが、結局は絶対に安全な場所から「非合法活動をやれ、火炎ビンを投げろ、血を流さない革命なんてない」などと、好き勝手なことを無思考に垂れ流しているに過ぎない。渡邊氏の方が、よほど「お祭り・パレード」的な思考である。

本来、ジャーナリストとは取材や現地調査によって事実をより正確に把握し、その材料を構成して真実を報道し、それに基づいた的確な判断としてコメントするのが仕事なのではあるまいか。

渡邊氏がツイッター上で続けているのは、居心地のよい自室でインターネットやテレビなどから得た断片的な材料だけでデモや集会の様子を知ったかのように思いこみ、自らの願望や憶測だけで現実に対してコメントするというような、ジャーナリズムとはかけ離れた姿勢である。

脱・反原発行動について、感情的に反感を覚える、または関心がないというのであれば、それもいいだろう。ならば、「反原発デモには興味がない。だからよく知らない。知らないからコメントできない」で十分だ。なのに、どうして渡邊氏が、知らない、直接見たこともない、取材もしたことのない脱・反原発デモについて何度も繰り返しコメントするのか、筆者としては疑問と強い違和感を覚えるばかりである。

## 原発をめぐる感情的な動き

現在、インターネット上のツイッターや掲示板などでは、原発に関する意見や指摘がさかんに飛び交っている。その一部では、やや感情的な動きがみられる。

先に、群馬大の早川由紀夫氏による一連の「福島の農家は殺人者」的な発言について、その一部同調者が早川氏を支持するあまり、早川氏を批判するものや疑問を呈する意見などを、「お前も同じく人殺し」などと非難する事例が数多く現われた。

筆者もまた、あるツイッターから感情的に非難されたが、その際、そのツイッターは筆者の発言を改ざんし、筆者が書いてもいない文章に書き換えてインターネット上に流した。幸い、筆者には何一つ実害はなかったが、同様の行為を行ったネットユーザーはほかにもいたのではなかろうか。

震災以降、何かしら事件や出来事についてコメントがあると、それを完全に信じ込んでしまい、そこに異議や疑問を差し挟む者や意見を排除しようとする傾向がうかがえる。その一つが、震災直後に起きた商業施設などにおける品薄状態にまつわる「買い占め疑惑騒動」である。

震災直後の三月十二日から十三日頃から、首都圏やその近県などで加工食品や日用雑貨、ガソリンなどが品薄になる現象が起きた。スーパーなどの商業施設では商品の陳列棚が空っぽになり、ガソリンスタンドには給油を待つクルマの長蛇の列ができた。

こうした状況に、「誰かが商品を買い占めている」との噂が立ち、ツイッターなどでたちまち拡散した。そして、「買い占めしているヤツは人間のクズ」「買い占め野郎は恥を知れ！」などといった声がネット上にあふれた。

震災直後、筆者は近隣の商業施設を歩き回ってその状況を調べ、知人たちに頼んで情報を集めた。また、たまたま筆者はコンビニやスーパー、運輸関係などの勤務経験があり、流通や物流に関していくらかの知識があった。そして、それら業界の関係者からも情報を得ることもできた。

その結果をもとに筆者は、「震災直後の品薄状態は一部の人間による買い占めではなく、せいぜい多くの消費者による買いだめ。むしろ、震災によって起きた物流のショートや生産ラインの停止によるものが大きい」との仮説を得た。もちろん、買い占めに走った人が一人もいなかったと述べているわけでは、ない。

我々は日頃、コンビニやスーパーなどで棚に埋め尽くされた商品を見慣れている。そのため、商業施設には常に商品が供給されており、その在庫も十分にあると思いがちだ。

しかし、実際にはそれは錯覚である。コンビニやスーパーに、すべてのジャンルの商品が常に供給されているわけではない。インスタントラーメンなどの加工品は、週に二回から三回程度の配送というパターンが多い。日用雑貨などは、週に一回か、それ以下という配送パターンもある。そして、スーパーのバックヤードやコンビニのバックルームなどといった在庫スペースには限りがある。販売店側としては、在庫は最低限に抑えたいという思いがある。在庫を抱えすぎると、商品の鮮度が落ちてロスの可能性が高くなるからである。

そうした限られた在庫しかない状態に、震災からくる不安で消費者が商業施設に殺到すれば、買い占めなどしなくとも商品はすぐに枯渇する。加えて、物流の混乱や生産ラインの停止による欠品で商品の補充が難しくなれば、商品棚は空っぽのままになる。実際、震災後に品薄となったのは、加工食品や缶詰などが多かった。

また、コンビニなどでは米飯類やパン類も欠品状態が続いたが、これもまた物流や生産拠点での混乱と考えられる。

何よりも、実際の商業施設と買い物客の状況をよく観察してみれば、買い占めそのものがデマであること、少なくとも事実とは考えられないと理解するのは、それほど難しいことではなかった。

まず、買い占めと呼べるほどに大量に商品を購入する個人や集団がまったく見当たらなかった点である。たしかに、震災の不安から通常よりもいくらか多めに商品を購入する消費者の姿は頻繁に確認できた。ただし、それとて常軌を逸したほどのものではなく、せいぜいカップめんを一人で五〜六個とか、ひと家族で一ケース購入するといった程度であった。これを買い占めなどと呼ぶのであれば、スーパーやディスカウントショップなどでの特売の際に、頻繁に買い占めがなされていることとなろう。

さらに、品薄だったのは一部の加工食品や日用雑貨、電池などの限られた品目のみであり、すべての商品が欠品状態だったわけではないということである。筆者が調べたところによると、肉や魚、野菜といった生鮮品には、いくつかの品目を除いてはおおむね欠品または品薄という状況は見られなかった。また、卵などについても都内ならびに埼玉のいずれも一部地域などで品薄状態という情報があったが、産地に隣接するなどの供給に問題のない地域での欠品は認められなかった。

もし、転売その他の理由から買い占め行為が行われているとしたら、潤沢に販売されている地域でも品薄状態が起きる可能性があったことと考えられる。しかし、隣接する地域であっても、一方では品薄状態となり、一方では通常と同じように商品が並んでいる状況が確認された。こうした事実を取り上げても、買い占めという行為が頻発したとは考えにくい。

また、ガソリンについても品薄状態となり、早くから「買い占めではないのか」という噂が流れた。しかし、これについても、物流の混乱と生産拠点の問題と考えたほうが自然である。そもそも、流通や販売において特殊な状態にあるガソリンを、「買い占める」などということは容易ではない。実際、そのような行為が行われた形跡も見当たらない。

そもそも、買い占め行為を行っているような現場を目撃したという証言もなく、その事実も確認されていない。静止画どころか動画も撮影できる携帯電話が普及している時代である。もし、大量買い占めなどという暴挙が行われたとしたら、すぐに誰かがその状況を撮影し、動画投稿サイトを通じてインターネットで広まっただろう。しかし、そうした画像も動画も、どこにも見当たらない。ネットなどにアップされたのは、空になった商店の棚くらいのものである。

ところが、その「空になった商店の棚」だけから、「買い占め行為は確実」と信じ込む意識が起こった。それがどの程度の数だったのかはわからない。だが、その中に「買い占めを許すな！」「買い占めしている奴らは恥を知れ！」という、攻撃的な発言が増えたことは事実である。そして、その中にはやはり、購買生活からはやや距離のある人々が多く含まれていたように感じられる。

たとえばその当時、主婦がツイッターで「紙オムツが品切れで本当に困った」というツイートをするケースが多かった。生活者として、ごく普通の感情である。ところが、その同じ主婦が「買い占めしている人を恨む」などとツイートするとは限らない。むしろ、主婦のツイートを見て、「買い占めがお母さんたちを困らせている」「買い占めで赤ちゃんが泣いているぞ」などとツイートするのは、まったく無関係の人間だったりする。

だが、これは当事者でなければわからないが、実際には子育てをしている母親や家族は、紙オムツのような消耗品はある程度のストックを確保しているか、すぐに購入できるような状態にしてあるものだ。だから、すべての母親や乳幼児が紙オムツ不足で困っているという可能性はそれほど高くはなかったであろう。

もちろん、実際に紙オムツが一時的に不足して困った家庭もあったと思われる。しかし、「その原因を作った者を恨む」というほどに深刻な状況ではなかったし、実際、それほどの状況になったという話も聞かない。

そうした状況の中、築地への殺到という事態が起きる。東京の築地市場には野菜などの生鮮品がたくさん売られているという情報が、ツイッターによって流れた。これを知ったユーザーたちが、「築地で野菜を買って、買い占めで苦しんでいる人たちにわけよう」といった意見が拡散。築地に多くの人が殺到する事態となった。

だが、実際には多くの地域で品薄になっていたのは加工品がほとんどで、野菜などの生鮮品の品薄は見られなかった。だが、「スーパーなどでは買い占めのために品薄」と思い込んでいる人々は、こぞってツイートを拡散し、その結果、築地に多くの人が集まることとなったのである。

この事態に築地市場やその周辺は一時的に混乱。さらに「野菜の品薄はない」「築地に一般の人数押し寄せて混乱している」などといったツイートが広まり、事態は収束に向かった。

これが、主婦などのように日常の買い物によって消費の現場を熟知している者であるなら、「野菜はとくに不足していない」とすぐに判断できたであろう。しかし、消費の現場からやや距離のある人々は、「買い占めによって品薄」という観念がすでにできてしまっていたため、飛びつくように「築地へ行け」とリツイートしてしまったものと考えられる可能性が高いのではなかろうか。

平素は冷静で的確な判断力を持つ人々が、混乱や不安からいとも簡単に先入観によって行動してしまう可能性は、震災直後のいろいろな場面で見つけることができるのではあるまいか。

さて、そうした「距離の離れた者が短絡的、攻撃的になる」というケースは、震災から一年近く経った経過した現在でも一部で見られる。インターネット上などの発言をとらえて、原発をポイントとした二者択一的な判断によって、その発言者を攻撃するという現象である。

たとえば、原発について「すぐに停止して本当に市民生活に影響はないのか」といった意見を呈しただけで、ただちに「原発擁護派」「放射能の危険性を軽視した輩」などと決め付けて攻撃したり、反対に原発や放射能の危険性を述べた者に対して、「不安を煽るデマを振りまく者」「頭がおかしい『放射脳』」などと非難したりするケースである。

いずれもある狭い特定の方向だけしか認めず、少しでも逸脱した考えや視点を除外するという傾向であり、敵視した対象に対して非常に攻撃的なのも特徴の一つである。

こうした傾向も一部のものであるが、早川氏の発言などと同様に無視できないものとなる可能性は否定できない。

# 資料編

**【資料1：原発がなくても、電力は足りる。】**
市民団体が配布した「火力と水力だけで電力は足りる」ことをアピールした冊子。

原発がなくても電力は足りるという事実を、
ネット環境のない人達にも知ってもらいたく、
資料を作りました。

小出助教には4月中旬に許可を取ってあります。

A4サイズ仕様です。

印刷して大切な人に渡すボランティアをお願いします！

# 原発がなくても、電力は足りる。

「原発には反対だけれど、
原発を廃止したら、日本はやっていけない」
と考えている方たちに、読んで頂きたいです。

この資料を読み終えたら他の人に渡してあげてください。

京都大学原子炉実験所、小出裕章氏の客観的なデータに基づいた主張をもとに、一市民の立場から編集した資料です。

小出裕章氏は、次世代エネルギーに希望を抱いて原子力工学の道に入りましたが、原子力発電の持つあまりに大きい不利益に鑑み、以来40年間「原子力発電をやめることに役立つ研究」をされている学者です。

## 1、水力と火力で十分まかなえる

日本では、全発電量の約3割を原子力発電が担っているとされ、原子力が不可欠のように考えられてきました。

しかし、水力、火力、原子力、共に言えることですが、発電所をフル稼働した場合の発電量と、実際の発電量には、かなりの開きがあります。

というのも、発電所設備自体が過剰とも言える状態で、年間の発電設備利用率は、水力19%、火力50%（2008年度）であり、まだまだ発電能力には余力のある状態となっているからです。

つまり、原子力発電をやめたとしても、水力、火力発電で十分補っていくことが可能なのです。

私たちが一般的に聞かされている「全発電量約3割を原子力発電が担っている」という情報は、実際の発電量の割合のことを言っているので、そのことが「原発は廃止出来ない」等の誤解を生む原因になっているようです。

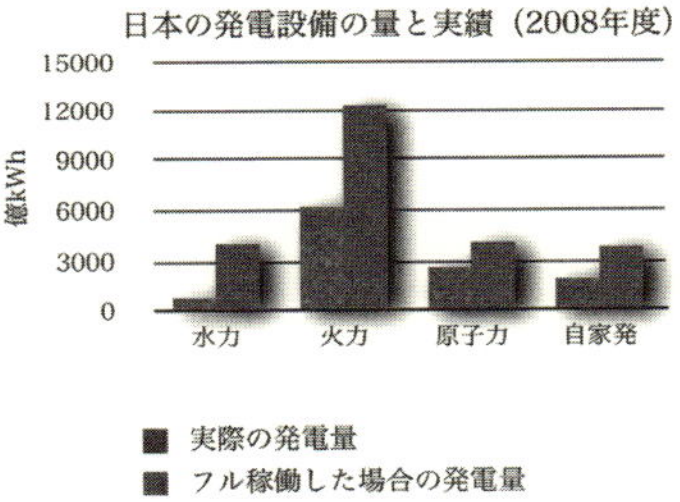


## 2、真夏の昼間にも水力と火力でまかなえる

電気というのは貯めておくことが難しいので、一番需要が高い時に合わせて、発電設備を備える必要があります。この観点からも、原子力は不可欠であるとされてきました。

しかし、過去50年間の最大需要電力量の推移を見てみると、1990年代の一時期の例外を除いて、水力と火力でまかなうことができているということが分かります。（グラフ参照）

しかも、この一番電力の需要が高い時間帯というのは、真夏の数日の午後のたった数時間という極めて特殊な時間帯のことなのです。

一年の内のたったこれだけの時間に備えるために、危険な原子力発電設備を抱えるというのはあまりにリスクが大きいと言えます。大口需要家に対し生産調整を依頼するなどの方法で節電していくほうが遥かに効率的です。

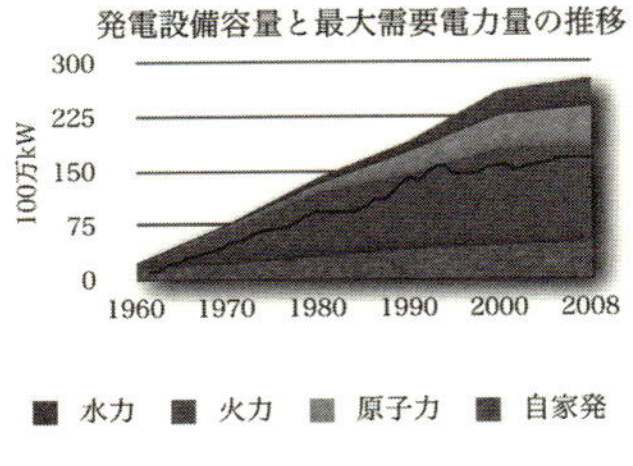


黒線は最大需要電力量

矢野恒太記念会編「日本国勢図会2010/11」国勢社（2010）、電気事業便覧（2005年度版）、資源エネルギー庁HP　などのデータより作成。最大電力使用量は電気事業に関するもののみ。

## 3、それでも電力会社が原発にこだわる理由

一言でいえば、原発は儲かるからです。

電力会社が得る利潤とは、電気事業法により次の式によって算出されるとされ、手厚く保護されています。

利潤 ＝ レートベース × 報酬率（%）

この式におけるレートベースとは、電力会社の資産のことで、資産が多ければ多いほど、利潤も多くなるという仕組みになっています。

高額な建設費のかかった原子力発電所（建設中も含む）、都市部までの長距離送変電設備、膨大な核燃料の備蓄施設、ウラン濃縮工場、再処理工場など、多岐にわたる原発関連施設が資産となり、さらには研究開発費などの特定投資もレートベースとして計上され、利潤を膨らませています。

つまり、原発を増やせば増やすほど、電力会社は儲かるのです。

## 4、原子力発電はコストが高い

政府発表の発電コストによると、原子力発電が一番安価であると言われてきました。しかし、これはあるモデルを想定して計算した結果であって、実際にかかったコストではありません。

立命館大学国際関係学部の大島堅一氏が、エネルギー政策としての見地から、原子力発電の過去40年間の商用運転で、実際にかかったコストを算出したデータを公表しています。（グラフ参照）

これによると、水力火力よりも、原子力が高コストであることが分かります。しかも、揚水発電を含めると、さらにコストが跳ね上がっています。

揚水発電とは、出力調整の難しい原子力発電の夜間に余った電力を使うために考えられたもので、約3割ものエネルギーをロスしてしまう非効率な発電方法なのです。しかし原子力発電を選択する以上、この非効率な揚水発電がついてまわるので、原子力発電のさらなる高コスト化に拍車をかけているのです。

結果として、この高いコストは、前述した原発の生み出す利潤も重なって、電気料金の高騰を招いています。

そして、諸外国に比べて著しく高い日本の電気料金は、産業界の競争力までもを奪っているのです。

電源別発電単価の実績1970年～2007年度

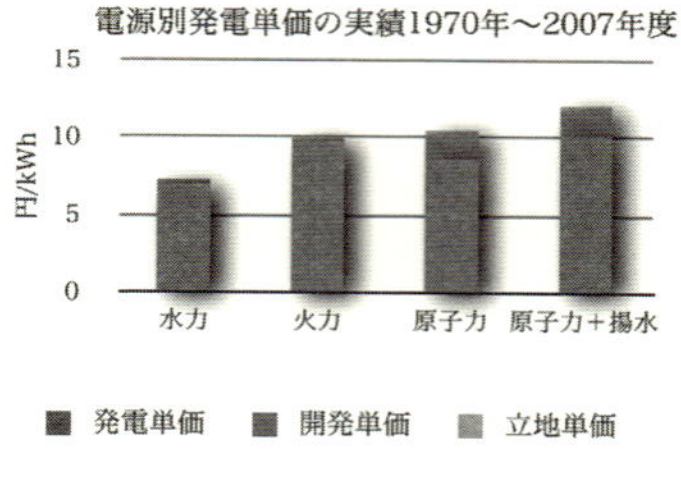


電力会社の有価証券報告書（実際の経営データ）より作成

経済性という観点から、メリットはありません。

安全性という観点からは、もう言うまでもありません。

この先、持ち続ける理由はありません。

福島第一原発半径20キロ圏内、計画的避難区域、緊急時避難準備区域、にお住まいの10万人以上の方たちが将来の不安を抱え続けなければならない状況になっています。

この方たちを目の前にして、「それでも原発は必要だ」と言えるでしょうか。確固たる信念を持って言えるのならしかたがありませんが、それが無関心から出た言葉であってはならないと思います。

現実を注視して、明確に答えを出すべき時が来ています。

電力会社が大スポンサーとなっているマスメディアが事実を報道する可能性は残念ながら低いようです。

個人レベルで情報を集め、自分の価値観を持って発信していく側になりましょう！

・下記 Twitter ID で関連情報をツイートしています。
・Blog、Twitter 等で情報を発信していきましょう！
・この資料を読み終えたら他の人に渡してあげてください。

@

経済性という観点から、メリットはありません。

安全性という観点からは、もう言うまでもありません。

この先、持ち続ける理由はありません。

福島第一原発半径20キロ圏内、計画的避難区域、緊急時避難準備区域、にお住まいの10万人以上の方たちが将来の不安を抱え続けなければならない状況になっています。

この方たちを目の前にして、「それでも原発は必要だ」と言えるでしょうか。確固たる信念を持ってそう言えるのならしかたがありませんが、それが無関心から出た言葉であってはならないと思います。

現実を注視して、明確に答えを出すべき時が来ています。

## 【資料2：兵庫保険医新聞（2010年6月15日号）】

東電や電気事業連合会、御用学者たちがアピールしてきた「原発はクリーン」などのウソをデータなどに基づきその虚偽を解説している。

2010年(平成22年)6月15日(毎月3回5・15・25日発行)　兵庫保険医新聞　(昭和43年6月12日第三種郵便物認可)　第1625号　(4)

# ～何が問題なのか」詳録

# 嘘をあばく

3月13日の理事会特別討論「原子力発電～何が問題なのか」詳録を掲載する。

原子力発電が、温暖化防止・二酸化炭素（$CO_2$）削減を理由に推進されようとしている。原子力発電の問題点をお話しする。

## 原子力は未来のエネルギーか

まず、原子力はエネルギー源になるのかという基本的な問題から説明したい。もともと私は原子力に夢を持ち、研究に踏みこんだ。それはこういう夢を聞かされ、信じたからだ。「さて、原子力を潜在電力として考えると、まったくとてつもないものである。しかも石炭などの資源が今後、地球上から次第に少なくなっていくことを思えば、このエネルギーのもつ威力は人類生存に不可欠なものといってよいだろう」（1955年12月31日、東京新聞）。

このように化石燃料が枯渇するからこれからは原子力だと、多くの人が今でも信じているだろうが、本当だろうか。

石油があと何年もつと考えたかという数値を「石油可採年数推定値」という。80年前の1930年には、推定値で18年しか石油はないと考えられていた。前年に世界大恐慌が起き、石油権益の確保が、世界各国にとって非常に重要な課題になった時代だ。日本は、大陸の資源を押さえようと31年に満州に侵略を始めた。

しかし、10年後には、石油可採年数推定値は23年と長くなっていた。日本は、ABCD包囲網で石油禁輸制裁を受け、南方の石油をおさえようと、太平洋戦争に突入し、1945年に敗戦した。

戦後の1950年になっても、石油はまだ20年あると考えられ、10年後の1960年には、石油はなんと35年あると言い出した。東京オリンピックが1964年で、石油を大量に消費する高度成長の時代だったが、どれだけ石油を使っても、いっこうに石油はなくならなかった。10年・20年経っても、まだ30年・35年ありそうだという時代が続き、1990年にはこれが45年になり、最新の石油可採年数推定値はなんと50年である。

石油が20年しかないと脅かされて20年間過ごし、あと30年と言われ30年過ぎた。いま、石油は50年という時代に入っているが、冗談半分でいえば、この時代が50年続くのではないか。

このように、石油があと何年でなくなるかという予想は科学的ではなく、国家的利害や技術進歩によって変わっていくものだ。

## 貧弱なウラン資源

ただし、石油がいつかなくなるのは事実だ。しかし、石油がなくなれば原子力を使おうといえるのだろうか。原子力の燃料であるウランの方が、石油に比べて埋蔵量が多いといえなければ、原子力に頼れない。

図1は、再生不能エネルギー資源の埋蔵量だ。「究極埋蔵量」は地球にあるとわかっている量で、「確認埋蔵量」は現在の掘削技術で採算があって掘れる量になる。右上の小さな四角が現在1年間に使っているエネルギーの総量で、数字で書くと0・4と表される。

石炭は究極埋蔵量で310、確認埋蔵量で25・9ある。つまり、現在のエネルギー消費でよければ、石炭は確認埋蔵量でも60～70年あり、今後掘削技術が進歩すれば1000年は使えるほど、豊富な資源であるということがわかっている。

天然ガスは、最近次々にガス田が見つかり、今後石炭に匹敵するような資源になるのではないかと予想されている。何百年分かはまかなう分があると考えられる。

対してウランは6・7で、石油に比べても数分の1の貧弱な資源だ。これでは原子力資源は近い将来枯渇する。結局は当面化石燃料に頼っていくしかないというのが、科学的に正しい事実だ。

にもかかわらず、ほとんどの人々は化石燃料がなくなったら原子力だと思い込まされている。原子力の夢から早く覚めるべきだ。

## 「$CO_2$増で温暖化」宣伝の嘘

現在「地球温暖化の原因は二酸化炭素だ。化石燃料は二酸化炭素を排出するから問題で、排出しない原子力はエコだ、クリーンだ」と宣伝されている。この宣伝には多くの嘘がある。

IPCC（気候変動に関する政府間パネル）によると、1860年から2000年までの約140年間で、平均気温の変化はプラス0・6度。地球の平均気温の定義自体非常に難しいなか、ほんのわずかの変化にすぎない。

ただし、確かに気温が上がっている傾向はあり、また大気中の$CO_2$濃度が、この50年間の記録でずっと増加しているのは確実だ。この二つの事実に因果関係があるのか。そして、どちらが原因でどちらが結果か。この二つを証明せねばならない。

図2は、大気中の$CO_2$濃度と平均気温の変化を1880年から表したものだ。$CO_2$濃度が劇的に増加したのは戦後の1946年からだ。一方、地球の平均気温の方は、継続的に上がってきている。1880年代以前を見ると、地球の気温はずっと寒冷化してきて、1800年代の初めから急激に温暖化の時代に入っていることがわかる（図3）。つまり、$CO_2$の増加と関係なく、地球は温暖化の時代に入っているのだ。

さらに、「$CO_2$が原因で温暖化が結果」という主張とは反する観測事実もある。図4は、気温の変化と$CO_2$濃度の変化を重ね合わせたものだが、気温が増加すると何年か遅れて$CO_2$濃度が増え、気温が低下すると$CO_2$濃度も減っているように見える。この理由は簡単に説明できる。$CO_2$のほとんどは海水中に溶けこんでいるが、気温が上昇することで海水の温度が上がり、水から$CO_2$が大気中に出てくるからだ。

このように地球の気温の変化と$CO_2$濃度の変化はお互いに影響しあう関係にあり、要因も複雑で、一概に「$CO_2$濃度が上がれば温暖化する」と信じ込むのは危険だ。

## 原子力はクリーンではない

「原子力は$CO_2$を出さない」と言われているが、最近この宣伝は「発電時に」$CO_2$を出さないに変わっている。

100万キロワットの原子力発電所を動かすため、1年間にどんな作業が必要となるか（図5）。

まず鉱山でウランを採掘し、製錬所に運搬、製錬し、核分裂性ウランを濃縮し、加工する。これらの工程で膨大な資材を投入しており、たくさんの化石燃料を用いている。結局多量の二酸化炭素を放出していることになり、「原発は$CO_2$を出さない」とは国や電力会社も言えなくなっている。発電所自体の建設にも膨大な資源を使っているので、「発電時に出さない」というのも言いすぎで、科学として正しくいうなら、「ウランの核分裂反応は二酸化炭素を出さない」というべきだ。

その上、ウランの核分裂反応は二酸化炭素を出さない代わりに、有害な核分裂生成物（死の灰）を出す。それを「再処理工場」というところに送るというが、この再処理施設を作るのにも膨大な資材・エネルギーがかかっている。さらに、「再処理工場」は死の灰からプルトニウムを取り出すためだけのもので、死の灰そのものは残っており、最終的な処理にまた膨大な資材・エネルギーがいる。

日本のある若者が「原子力はクリーン」は本当かど

（5面に続く）

図1　再生不能エネルギー資源の埋蔵量

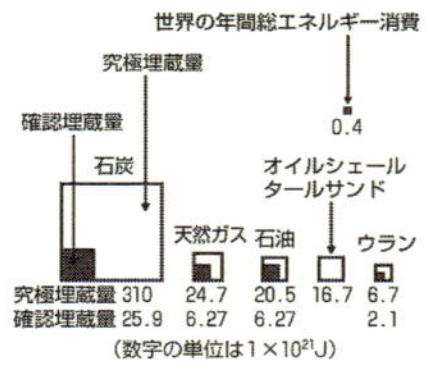


図2　二酸化炭素の急激な放出は20世紀後半

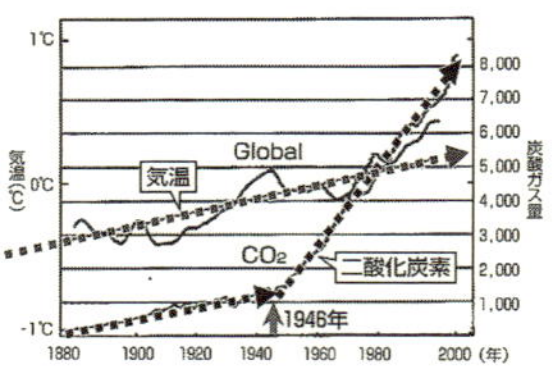


図3　地球大気温度の上昇は19世紀初めから

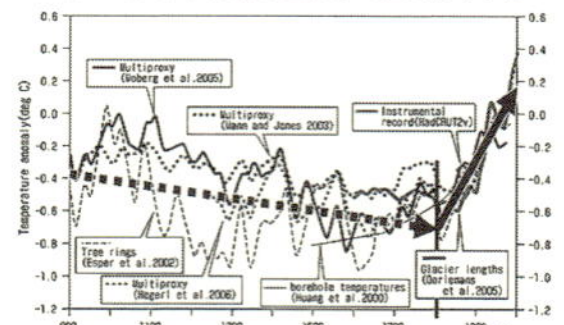


図4　気温の上昇が原因で二酸化炭素の濃度が増える

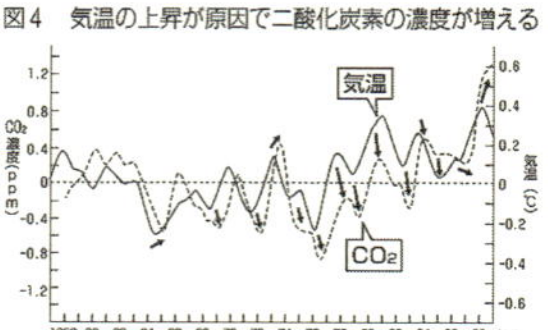

(5)　2010年(平成22年)6月15日(毎月3回5・15・25日発行)　兵庫保険医新聞　(昭和43年6月12日第三種郵便物認可)　第1625号

(4面からの続き)

うかと、日本広告審査機構（JARO）に審査を要請した。JAROは「原子力発電および放射性降下物の安全性について一切の説明なしに、発電の際に$CO_2$を出さないことだけを捉えて『クリーン』と表現しているため、疑念をもつ一般消費者も少なくないと考えられる。今後は原子力発電の地球環境に及ぼす影響や安全性について充分な説明なしに、発電の際に$CO_2$を出さないことだけを限定的に捉えて『クリーン』と表現すべきでないと考える」と、実に当たり前の裁定を下した。ところが、JAROは民間組織で強制力を持たないために、政府や電力会社は原発はエコだクリーンだという偽りの宣伝を流し続け、皆さんはそれを信じ込まされている。

## 処分できない放射性廃物

原発の稼動では、低レベル放射性廃物というゴミがあらゆる過程で生じる（図5）。これは、80年には原発の敷地内に御殿のような建物を建てて保管していたが、敷地がいっぱいになり、焼却して量を減らしても対応できず、青森県の六ヶ所村に埋め捨てにされている。安全になるまで300年の間、監視・点検すると国は言っている。

次に、ゴミの本体である核分裂生成物（死の灰）の話をする。日本で原子力発電が始まった66年から、発電した電気の総量は6兆～7兆キロワット。作った核分裂生成物の量は、広島原爆がばらまいた核分裂生成物の110万発分にもなる。この死の灰を無毒化しようと、人類はずっとこの60年研究を続けてきたが、無毒化できないというのが科学の現状だ。

結果、「死の灰」の処理としてとれる手段は、人類の生活環境からの隔離となる。隔離手段として、宇宙処分を考えた時期がある。核分裂生成物をロケットに載せて飛ばすわけだが、ロケットは時々打ち上げに失敗する。ロケットが落ちてきたら地球は汚染されてしまうため、今は宇宙処分は考えられていない。

次は海に捨ててしまおうという海洋底処分が考えられた。しかし、海は原子力発電推進国だけのものではないので、ロンドン条約で禁止された。その次は南極に埋めてしまおうとしたが、同じく南極は誰のものだと議論になり、南極条約で禁止された。

残る手段として、地層処分だけが唯一の選択と考えられている。深さ300～1000メートルの穴を掘り、核分裂生成物を埋めてしまえばいいという考え方だ。しかし例えば、地震は深さ何百、何万メートルというところで起きて岩盤を割るため、1000メートル程度の深さに埋めるのは非常に危険である。

さらに、最終的に稼動年数を終えた原発自身が巨大な核分裂生成物を含んだ塊となり、どう処理するか全くわからないという問題もある。

結局、人類は原発の廃物の処分方法を知らないまま今日まで来てしまったのだ。

## 死の灰を百万年間管理

一口に死の灰といっても、放射能の寿命の長さには差があるが、低レベル放射性廃物は300年、寿命の長い使用済み燃料や高レベル放射性廃物は、100万年隔離しておかなければならないという。この時間の長さをイメージしてみてほしい。

日本が原子力発電を始めて44年。関西電力など9電力会社ができてから、59年しか経っていない。日本人が電気を使い出してからも124年。会社の歴史はそれぐらいの長さだ。そこで放射能の監視は一企業の責任範囲を超えているので、国が責任を300年間持つと言っている。

さて、今から300年前を考えると、江戸時代、忠臣蔵の討ち入りの時代だ。当時の人たちに今のわれわれがこんな生活をしていると想像できなかったように、私たちには300年後の世界を想像できない。日本がどんな国になっているのか誰もわからないのに、今の日本政府は責任を持つと言って、青森県六ヶ所村に押し付けている。

日本で、明治維新が起きてから142年しか経っておらず、アメリカ合州国だって建国から234年。国にはせいぜいそんな歴史しかない。邪馬台国というのが1800年くらい前だが、いまだにどこにあるかわからないと言われている。そういう「人」が作った国が、作り出したものに対し100万年お守りをするというのは、非常にばかげた話だ。

100万年にわたって、放射能の監視をするのにどれだけのエネルギーを使い、二酸化炭素を出すのか想像もつかない。仮に二酸化炭素が地球温暖化の最大の原因でなんとかしなければならないのであれば、原子力発電だけは絶対にやめるべきである。

## 原子力なしでも電力は足りている

私たちは簡単に原子力から足を洗うことができる。「すでに3割の電力が原子力なので、原子力からすぐに足を洗えない」というのが、政府や電力会社の説明だが、それは誤解だ。

水力・火力・原子力・その他・自家発電の能力をグラフで示す（図6）。まず全出力で稼動した場合の発電能力を見ると、火力発電が6割で、原発が2割だ。

ところが、実際の発電量では、原発が3割となる。これは原発は一度動かすと止めることができないからだ。一方、火力発電は発電能力の48%しか使っておらず、余っている。原子力で発電している3割分は、火力発電で補っても、なおかつ火力発電所は3割を止めておかなければいけない。

これに対し、国や電力会社は「年間でみるとその通りだが、一番電力使用量が多い時期を見ると足りない」と反論する。しかし、実は一番電気を使うときでも水力と火力で全部足りてしまう（図7）。90年代の初めにわずかに足りなくなったことがあるが、自家発電から融通したり、工場の生産調整をすれば問題はない。

現在の原発が止まっても何も困らないというのが現在の日本の状況だ。われわれが原子力発電をやめたいと思えば、即刻やめることができる。

人間が生まれたのが約400万年前。10万年くらい前に狩りを覚えるようになり、1万年ほど前に農耕を覚え、定住した。使用するエネルギーの量は、長い間わずかだったが、産業革命が起きて膨大にエネルギーを使う時代に突入した。地球の46億年という歴史からすれば、ほんの刹那的な時間に、地球は大きな危機に陥っている。

われわれ人間が、一番反省せねばならないのは、このように膨大なエネルギーを使うようになったことだ。必要なのはエネルギーが本当に必要なものなのかどうかを真剣に考え、一刻でも早くエネルギー消費型の社会を改める作業に取り掛かることだ。

# 理事会特別討論「原子力発電

# 原子力発電の

京都大学原子炉実験所助教
**小出　裕章先生**

1949年生まれ。東北大学工学部原子核工学科卒、同大学院修了。74年、京都大学原子炉実験所助手。現在は助教。専攻は放射線計測、原子力安全。

図5　100万kwの原発に必要な流れ

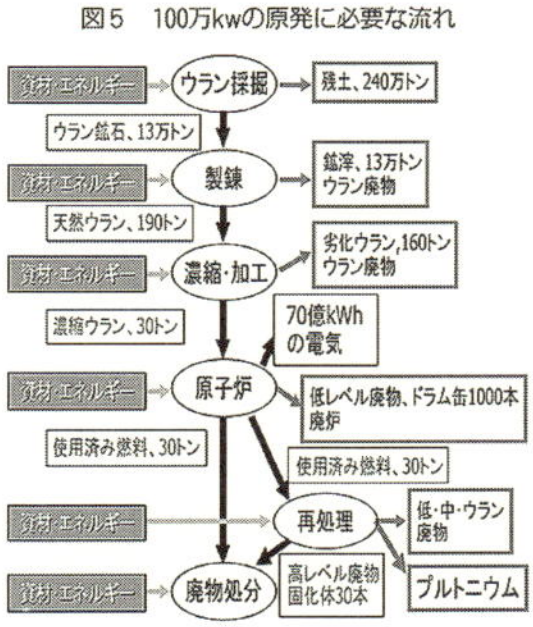


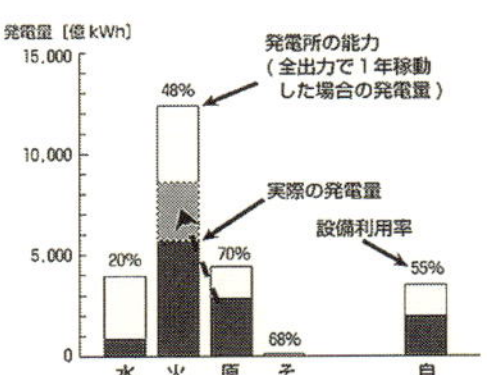


図6　日本の発電設備の量と実績（2005年度）

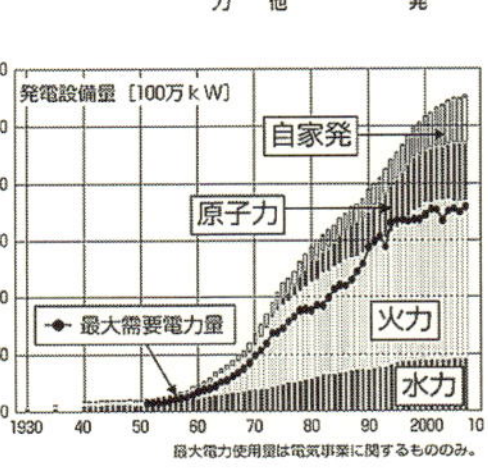


最大電力使用量は電気事業に関するもののみ。

図7　発電設備容量と最大需要電力量の推移

## 【資料３：GRAND THEORY VOL. 1】

東電などがアピールしてきた「原発がないと電力不足に陥る」というアナウンスが虚偽であり、火力と水力のみでも消費電力をまかなえることをグラフによって示している。

今後も追求結果を毎週発刊していきます！

**みんなで新しい認識を紡いでいく場**

# るいネット

http://www.rui.jp/

テーマ毎に別れた掲示板で、政治家や官僚、マスコミから発信されない事実や人々の意識を議論したり、注目サイトやブログの主要な主張を紹介しています！
☆毎週メルマガも配信中！
バックナンバー
http://www.rui.jp/mm/mm_sample1.html

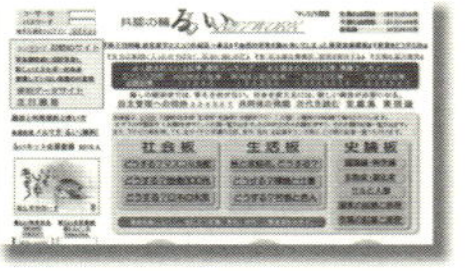

**もっと知りたい、勉強したい**

# ネットサロン

**皆で認識を紡いでいくこと、今それが一番面白い!!**

日　時：火曜・木曜・土曜
19:00〜22:00 （祝祭日は除く）
参加費：一般　　500円
　　　　中・高生　300円

＜ネットサロンで扱うテーマ＞
政治 ／ 経済 ／ 環境 ／ 家庭
企業 ／ 日本史 ／ 婚姻史 ／ 生物
農業 ／ 社会統合（意識潮流）

お問合せ先

なんでやネットワーク事務局　　E-mail member@rui.ne.jp

# GRAND THEORY WEEKLY

## VOL. 1　原発がなくても日本の電力はまかなえる

2011. 05. 03

### ●水力・火力発電の稼働率を上げれば発電量はまかなえる

日本では現在、電力の３０％を超える部分が原子力で供給されています。そのため、ほとんどの日本人は、原子力を廃止すれば電力不足になると思っています。また、ほとんどの人は今後も必要悪として受け入れざるを得ないと思っており、そして原子力利用に反対すると「原子力の代替エネルギーを示せ」と言われたりします。

しかし、発電所の設備の能力で見ると、原子力は全体の２０％しかありません。その原子力が年間の発電量では３０％になっているのは、原子力発電所の稼働率だけを７０％に上げ、火力発電所の過半を停止させ、稼働率を４８％に落としているからです（図参照）。**原子力発電が生み出したという電力は水力・火力発電の稼働率を上げれば十分にまかなえます。**

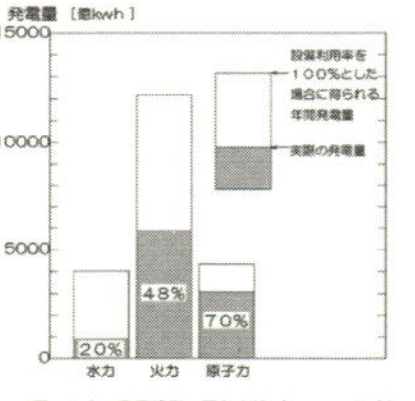


図．日本の発電設備の量と実績（２００５年度）
全発電設備の年間利用率：４８％
（出典元：総務省統計局、電気事業連合会）

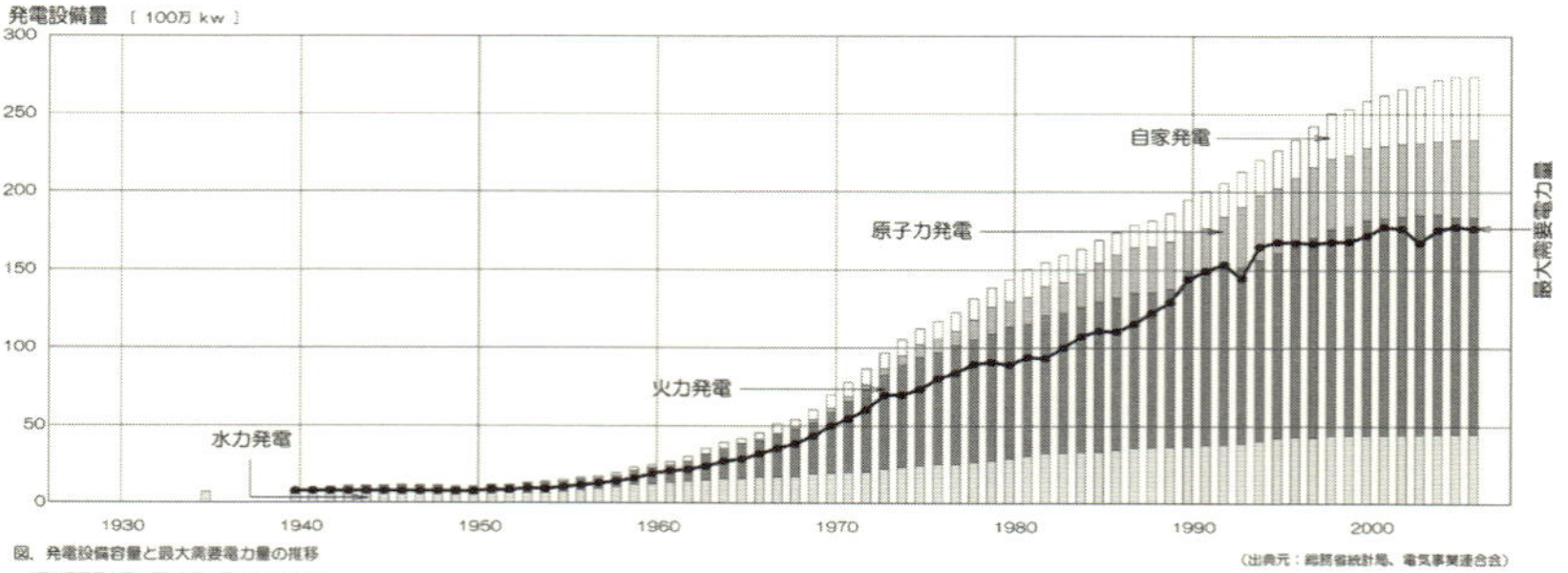


図．発電設備容量と最大需要電力量の推移
（最大需要電力量は電気事業に関するもののみ）
（出典元：総務省統計局、電気事業連合会）

### ●最大需要電力量が水力・火力発電でまかなえなかったことすらほとんどない

ただ、電気は貯めておけないので、「一番たくさん使う時にあわせて発電設備を準備しておく必要がある、だからやはり原子力は必要だ」と国や電力会社は言います。しかし、過去の実績を調べてみれば、**最大需要電力量が火力と水力発電の合計でまかなえなかったことすらほとんどなかったのです**（図参照）。電力会社は、水力は渇水の場合には使えないとか、定期検査で使えない発電所があるなどと言って、原子力発電所を廃止すればピーク時の電気供給が不足すると主張します。

しかし、極端な電力使用のピークが生じるのは一年のうち真夏の数日、そのまた数時間のことでしかありません。かりにその時にわずかの不足が生じるというのであれば、自家発電からの融通、工場の操業時間の調整、そしてクーラーの温度設定の調整などで充分乗り越えられます。今なら、私たちは何の苦痛も伴わずに原子力から足を洗うことができます。

わずか数日のために、何万年にもわたってあらゆる生物に深刻な影響を及ぼす原子力を使う必要などないのです。

**つまり、原子力がなくても日本の電力はまかなえるのです。**

●参考・引用：「隠される原子力・核の真実」小出裕章著

## 【資料４：福島原子力事故調査報告書（中間報告書）概要】

東京電力が発表した「中間報告書」の概略。

訂正版

平成 23 年 12 月 2 日
東京電力株式会社

# 福島原子力事故調査報告書（中間報告書）概要

**1．本報告書の目的　（報告書本編 P.1 【1】）**

福島第一原子力発電所の事故について，これまでに明らかとなった事実や解析結果等に基づき原因を究明し，既存の原子力発電所の安全性向上に寄与するための方策を提案すること。

また，本中間報告書は設備面の事象に焦点をあてて取り纏めており，そこから導き出される技術的課題への対応が主要方策。

なお，現在も調査を継続して進めており，新しい内容については，順次取り纏めの上，公表予定。（今後取り纏める事項：放射性物質の放出，放射線管理，人的リソース，資材調達，情報公開・提供，等）

**2．福島原子力発電所事故の概要　（報告書本編 P.1 【2】）**

**3．東北地方太平洋沖地震の概況　（報告書本編 P.4 【3】）**

**①地震及び津波の規模　（報告書本編 P.4 【3.1】）**

o 平成 23 年 3 月 11 日 14 時 46 分，日本観測史上最大の地震であるマグニチュード 9.0 の東北地方太平洋沖地震発生。

o 地震の震源域は，岩手県沖から茨城県沖，長さは約 500km，幅約 200km の広範囲にわたり，複数の震源が連動。これに伴い日本の過去最大に位置づけられる津波が発生。

o 発電所を襲った地震（震度６強）は，設計で想定した基準地震動と概ね同程度。

**②発電所を襲った津波の大きさ　（報告書本編 P.5 【3.3】）**

o 福島第一原子力発電所：到達した津波高さは約 13m*。浸水域は主要建屋設置エリア全域。1～4 号機主要建屋設置エリアでの浸水深さは約 1.5～約 5.5m，5,6 号機主要建屋設置エリアでの浸水深さは約 1.5m 以下。（下記表参照）

o 福島第二原子力発電所：到達した津波高さは約 9m*。1 号機主要建屋エリアの南東側道路を集中的に遡上。海側エリアから斜面を超えた遡上はなし。

＊ 潮位，波高が津波の影響で測定できず。数値は浸水高等から求めた解析値。

| 福島第一原子力発電所の津波浸水高，浸水深さ調査結果 | | |
|---|---|---|
| | 主要建屋敷地エリア（1～4 号機側） | 主要建屋敷地エリア（5 号，6 号機側） |
| ◇敷地高(a) | 0.P. ※1 ＋10m | 0.P. ＋13m |
| ◇浸水高(b) | 0.P. 約＋11.5～約＋15.5m※2 | 0.P. 約＋13～約＋14.5m |
| ◇浸水深(b−a) | 約 1.5～約 5.5m | 約 1.5m以下 |
| ◇浸水域 | 海側エリア及び主要建屋敷地エリアほぼ全域 | |
| 備考 | 今回の津波高さ（津波解析による推定）；約 13m※3<br>土木学会手法による評価値（最新評価値）；0.P. ＋5.4～6.1m | |

※1：0.P. は小名浜港工事基準面（東京湾平均海面の下方 0.727m）を示す
※2：当該エリア南西部では局所的に 0. P. 約＋16～約＋17m（浸水深 約 6～7m）
※3：検潮所設置位置付近

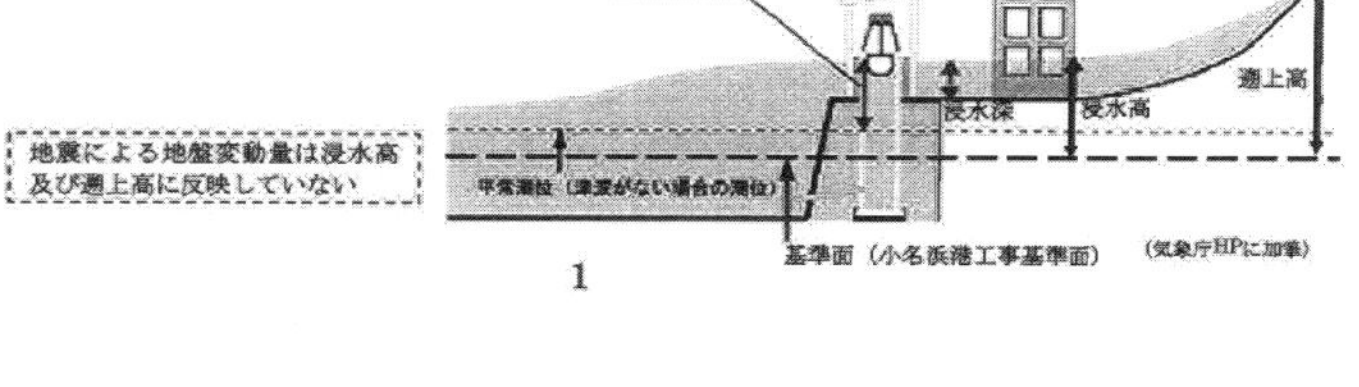


1

(c)GeoEye

福島第一原子力発電所浸水域

福島第二原子力発電所浸水域

**③津波評価について　（報告書本編 P.8 【3.4】）**

o **昭和 41 年～47 年〔設置許可当初〕**

発電所建設の設置許可は昭和 41 年～昭和 47 年に取得。津波に関する明確な基準はなく，既知の津波痕跡に基づき設計を進め，既往最大の昭和 35 年のチリ地震津波による潮位を設計条件として設定。（O.P. ＋3.122m）

o **平成 14 年～〔土木学会の津波評価技術〕**

平成 14 年に土木学会の「原子力発電所の津波評価技術」が刊行され，以降，国内原子力発電所で標準的な津波評価方法として使用。当社はこれに基づき，福島第一原子力発電所の津波水位を O.P. ＋5.4～6.1m と評価し対策を実施。

o **平成 14 年〔地震調査研究推進本部の見解〕**

国の調査研究機関である地震調査研究推進本部（以下，地震本部という）から，「三陸沖から房総沖の海溝沿いのどこでもM8.2 程度の地震が発生する可能性がある」との見解が公表。

o **平成 15 年～20 年〔津波評価に関する取り組み〕**

土木学会は，平成 15 年から検討していた津波評価を確率論的に実施する先駆的な成果を平成 17 年及び 19 年に論文として発表。

当社は，土木学会での検討状況を注視するとともに，平成 15 年～17 年までの土木学会による検討成果を踏まえ，開発段階にある確率論的津波ハザード解析手法の適用性の確認等を目的として，福島サイトを例とした試行的な解析を実施し，平成 18 年に論文を投稿。

平成19年～20年に福島県が想定した津波高さ及び茨城県の想定波源から算出した津波高さが当社の津波評価結果を上回らないことを確認。

o **〔地震本部見解に基づく試計算〕**

当社は，決定論に基づく耐震バックチェックにおいて，「地震本部の見解」（平成 14 年に長期評価として公表）をどのように扱うか社内検討するための参考として，試計算などを実施（平成 20 年 4 月～5 月頃）した。ただし，土木学会の「津波評価技術」が，福島沖の海溝沿いでは津波発生を考慮していないこと，津波の波源として想定すべきモデルが定まっていないことから，試計算は，具体的根拠のない仮定に基づくもの。そのため，平成 21 年 6 月に土木学会に具体的な波源モデルの策定について審議を依頼。

o **〔貞観津波の波源モデルによる試計算と堆積物調査〕**

当社は，平成 20 年 12 月に貞観津波についても未確定であるものの波源モデル案が示されたことから試計算を実施。地震本部の見解の扱いと合わせ，平成 21 年 6 月に土木学会に審議を依頼。福島県沿岸の津波堆積物調査が必要とされていたことから調査を実施し，福島県北部では津波堆積物を確認したが，南部（富岡～いわき）では確認できなかった等の結果から，波源モデルの確定には，さらなる検討の必要があると考えた。

o〔中央防災会議の検討範囲〕
中央防災会議の「日本海溝・千島海溝周辺海溝型地震に関する専門調査会」平成18年1月の報告書によると，過去に繰り返し発生している地震を防災対策の検討対象とする考えにたち，日本海溝沿いについては，三陸沖の地震は想定しているものの，福島～房総沖についての平成14年の地震本部の見解は反映されず。

o〔今回の地震規模〕
今回の地震は，地震本部の見解に基づく地震でも，貞観地震でもなく，より広範囲を震源域とする巨大な地震。

**4．事故に対する発電所の備え　（報告書本編P.15 【4】）**

**①設備設計について　（報告書本編P.15 【4.2】）**

o原子力発電設備の設計にあたっては，人は間違えることがあり，機械は故障することがあるということを前提に，機器の単一故障を想定した事故に対して，多重性や多様性及び独立性を持たせた非常系の冷却設備等を設置。

o原子炉スクラム等の重要な機能は，故障が生じた場合，安全側に動作する設計。
これらの状況も踏まえ，原子炉施設の構造，設備等が災害の防止上支障がないものとして，法令に基づく設置の許可を取得。

**②アクシデントマネジメント（以降，ＡＭ）整備　（報告書本編P.17 【4.4】）**

o平成4年～平成14年〔ＡＭ対策の実施〕
平成4年5月，原子力安全委員会が「発電用軽水型原子炉施設におけるシビアアクシデント対策としてのアクシデントマネージメントについて」を決定。
通産省からのＡＭ整備要請（平成4年7月）に基づき，平成6年から14年にかけ，多重な故障を想定しても「止める」「冷やす」「閉じ込める」機能が喪失しないよう多重性，多様性の厚みを増すＡＭ対策を整備。具体的な整備内容については国に報告し，妥当との確認を得ながら国と一体となって整備を推進。

o〔設備面のＡＭ対策〕
既存設備の潜在能力を最大限に活用するため，必要な設備変更を実施。設備変更は，代替注水，耐圧強化ベント，電源融通等。具体的には以下のとおり。

- 既設の復水補給水系や消火系から炉心スプレイ系（福島第一1号機）または残留熱除去系（福島第一2～6号機，福島第二1～4号機）を通じて原子炉への注水が中央制御室から操作可能となるよう接続ライン及び電動弁を設置（代替注水）
- 格納容器の除熱失敗による格納容器の過圧に備え，耐圧性に優れたベントラインを既設ラインに追設。中央制御室からの操作で格納容器の圧力を逃すことができるよう整備（耐圧強化ベント）
- 非常用Ｄ／Ｇ及び直流電源全喪失に備え，隣接号機からの電源融通確保

o〔運用面のＡＭ対策〕
多重な故障への対応態勢を整備し，ＡＭを的確に実施するため既存手順書等の改訂ならびに事故時運転操作基準[シビアアクシデント]（ＳＯＰ）等の手順書類を制定。
運転員，支援組織の要員を対象にＡＭに関する教育等を定期的に実施。

③ＡＭ対策と今回の事故　（報告書本編 P. 18 【4. 5】）

o 福島の事故を顧みると，今回の津波の影響により，これまで国と一体となって整備してきたＡＭ対策の機器も含めて，事故対応時に必要な機器・電源がほぼすべての機能を喪失。現場では原子炉への注水に消防車を利用するなど，臨機の対応を余儀なくされ，事故対応は極めて困難化。このように，想定した事故対応の前提を大きく外れる事態となり，結果として，これまでの安全への取り組みだけでは事故の拡大を防止できず。

5．災害時の対応態勢　（報告書本編 P. 20 【5】）

6．地震の発電所への影響　（報告書本編 P. 22【6】，P. 37【7】）

①地震発生直前の福島第一のプラント状況　（報告書本編 P. 22 【6】）

o〔１～３号機が運転中，４～６号機が停止中〕

１～３号機は定格出力による運転中。４～６号機は定期検査のため停止中。４号機はシュラウド取替作業のため，全ての燃料を圧力容器から使用済燃料プールへ移動させ，保管・冷却状態。

②地震発生直後の福島第一のプラント状況　（報告書本編 P. 22 【6】）

o〔安全停止と非常用電源バックアップの成功〕

地震発生に伴い，原子炉には制御棒が正常に全挿入され問題なく自動停止。外部電源を地震により喪失したが，非常用ディーゼル発電機（以降，非常用Ｄ／Ｇ）が起動。機器は正常に動作。

o〔地震による設備への影響評価〕

地震から津波襲来までの残存しているプラントパラメータによると，安全に係わるような格納容器内の配管破断等の異常はないものと判断。主要な安全上重要な機器・配管系の地震応答解析結果は，すべて評価基準値以下を確認。

1～3 号機，及び 5 号機，6 号機を確認可能な範囲で目視確認を実施した結果，安全上重要な機器に地震による損傷はなく，耐震クラスの低い機器でも，地震起因で損傷した設備・機器は一部を除き認められず。

屋外設備については，損傷を受けている機器も多くある。これらは地震による影響を必ずしも否定はできないものの，損傷の原因は主に津波の影響と判断。

o〔1 号機非常用復水器（以降，ＩＣ），3 号機高圧注水系（以降，ＨＰＣＩ）の状況〕

ＩＣは，確認できる格納容器外の部分を目視確認したところ，本体，配管等に損傷はなく，配管破断等で高圧蒸気が大量に噴出したような状況は認められず。

ＨＰＣＩは，現場に立ち入った運転員からの聞き取りにより配管破断等の損傷は発生していないと評価。

1 号機　屋外海水設備
（主要海水ポンプ）

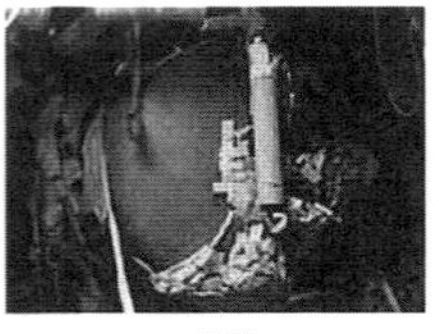

1 号機
非常用復水器(B)

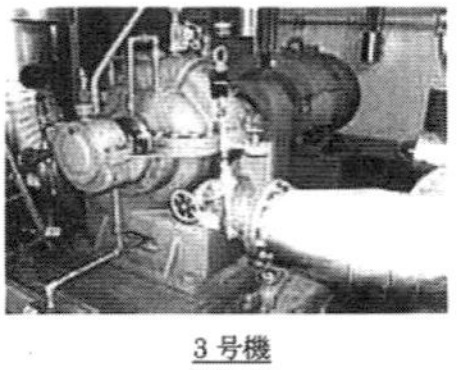

3 号機
タービン補機冷却系ポンプ

7．津波による設備の直接被害の状況　（報告書本編 P. 37 【7】）

o 1～6 号機の交流電源は，津波により，6 号機の非常用D／G1 台を除きすべて喪失。
　→電動駆動のポンプ・弁類がすべて使用不能

o 電源盤も多数被水・浸水し使用不可。　→外部から電源を供給する準備（例：電源車）が出来ても，ポンプ等を動かすために接続できる電源盤がほとんどなし

o 1, 2, 4 号機では直流電源を喪失。　→監視計器が使用不能

o 原子炉の除熱や各設備を冷却するために必要な海水系もすべて被水し使用不可。
　→大型ポンプ等の電動機の冷却が必要な設備は使用不可

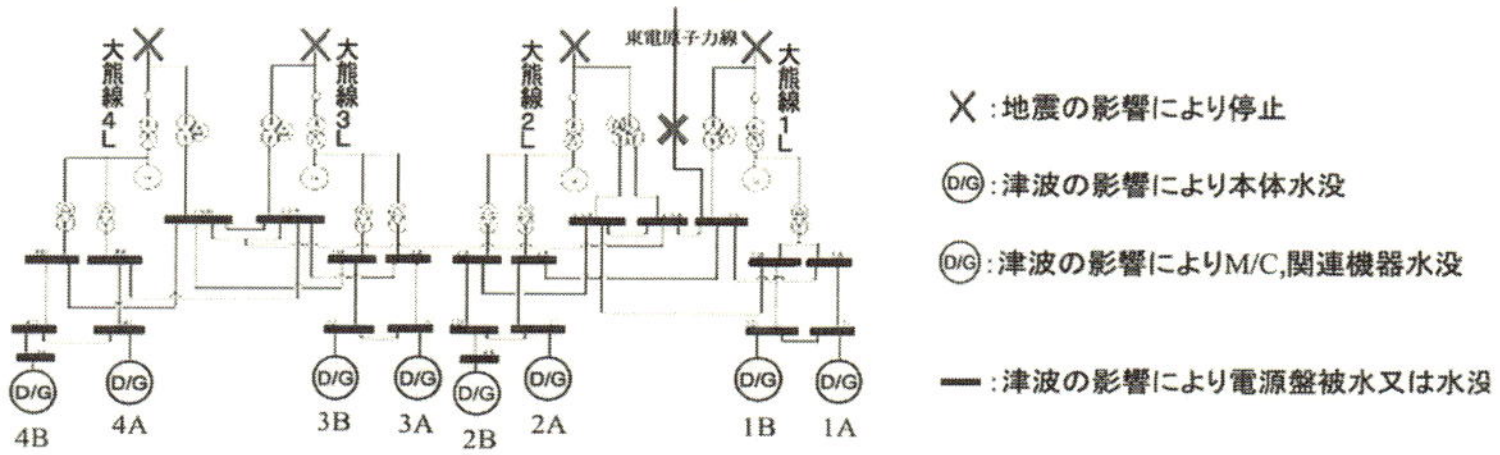


福島第一 1～4 号機の電源構成図

8．津波到達以降の対応状況　（報告書本編 P. 43 【8】）

①福島第一 1 号機の対応状況　（報告書本編 P. 44 【8. 1】）

o 3 月 11 日 14 時 46 分に地震発生。原子炉は自動停止，制御棒は全挿入。運転員は手順書(原子炉圧力容器への影響緩和の観点から原子炉冷却材温度降下率 55℃/h 以下になるように調整)に則り，ＩＣで圧力制御を行い，原子炉の停止操作を実施していたところ，同日 15 時 30 分に前後して津波が来襲。

o 津波の影響により交流電源，直流電源を喪失。そのため，原子炉の蒸気で作動する高圧注水系や電動機駆動の冷却設備等を含め，原子炉への注水・冷却設備の全ての機能が喪失。

o ＡＭ策として整備した消火系のラインを用い，臨機の応用動作として消防車による原子炉への代替注水を準備。

o 津波による瓦礫や頻発する地震などにより作業は難航。水源やホースのつなぎ先を確保し，12 日明け方から注水(5 時 46 分)を実施。以降，発電所構内の線量の上昇や 1 号機原子炉建屋での水素爆発(15 時 36 分)など，環境が一層悪化していく中，12 日夜に海水注入(19 時 04 分)を開始。

o 早い段階から格納容器のベント（減圧）の必要性を認識し，手順等を準備していたところ，格納容器（ドライウェル：D/W）の圧力の上昇を確認したため，建屋内外の線量の評価を含め，具体的な準備を実施。

o 電源喪失により遠隔操作ができない状況にあったことから，現場の線量が徐々に上昇していく中，現場での手動操作や仮設機器を用いた格納容器のベント操作を実施。なお，ベント実施にあたっては，住民避難を考慮する必要があり，避難状況の確認を実施。

o ドライウェル圧力低下を確認，ベントによる「放射性物質の放出」と判断(12 日 14 時 30 分)。

5

②福島第一 2，3 号機の対応状況　（報告書本編 P. 50 【8. 2】，P. 56【8. 3】）

- o 津波襲来後も原子炉隔離時冷却系等により注水・冷却していたが，最終的にはそれらの機能も喪失。原子炉冷却には注水が必要不可欠であり，そのためには原子炉の減圧が必要であった。しかしながら，弁を駆動する電源がないため乗用車から集めた仮設バッテリー等を用いて弁を操作する等，困難な作業を実施。
- o 2, 3 号機の格納容器ベントの準備は，1 号機の水素爆発等の厳しい環境下で，仮設設備等を利用して実施。

主な対応の経緯

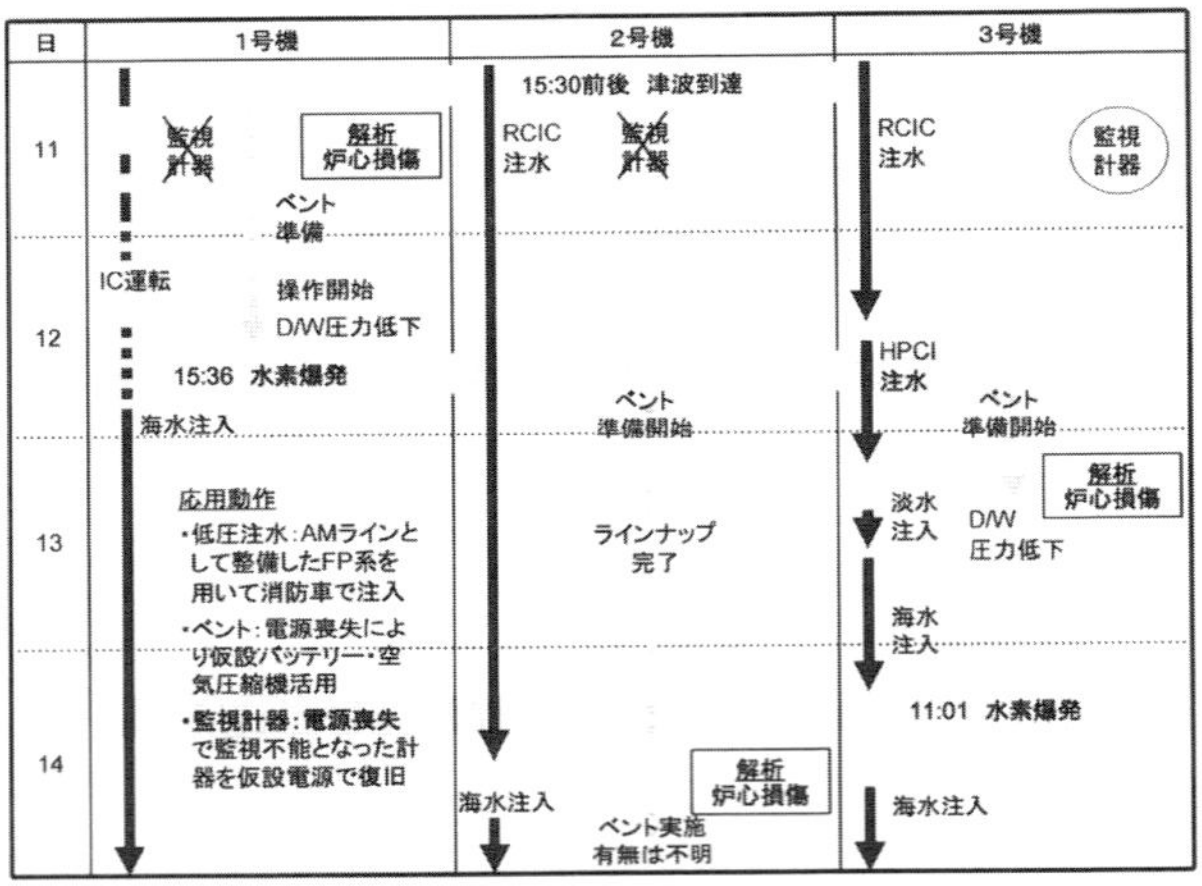

日
1号機
2号機
3号機
11
12
13
14
監視計器
解析 炉心損傷
ベント準備
IC運転
操作開始
D/W圧力低下
15:36 水素爆発
海水注入
応用動作
・低圧注水：AMラインとして整備したFP系を用いて消防車で注入
・ベント：電源喪失により仮設バッテリー・空気圧縮機活用
・監視計器：電源喪失で監視不能となった計器を仮設電源で復旧
15:30前後 津波到達
RCIC 注水
監視計器
ベント準備開始
ラインナップ完了
海水注入
解析 炉心損傷
ベント実施有無は不明
RCIC 注水
監視計器
HPCI 注水
ベント準備開始
解析 炉心損傷
淡水注入
D/W 圧力低下
海水注入
11:01 水素爆発
海水注入


③4 号機　使用済み燃料プールの状況　（報告書本編 P. 62【8. 4】，P. 75　【8. 9】）

- o 燃料はすべて使用済燃料プールに移動済。津波の影響により電源がなくなり，使用済燃料プールの冷却機能を喪失。14 日 4 時 8 分には使用済燃料の崩壊熱により同プールの水温が 84℃まで上昇。
- o 15 日朝，大きな音が発生し，4 号機の原子炉建屋上部の損傷を確認。当初，使用済燃料プールの損傷が懸念されたが，ヘリコプターで上空から確認したところ，当該プールに水があること，燃料は露出していないことを確認。プール水の核種分析結果からは，燃料損傷を示すデータは確認できていない。現在はプールに水を張ることができ冷却中。

4号機使用済燃料プールの状況

4号機使用済燃料プールの核種分析結果

| 検出核種 | 半減期 | 濃度 Bq／cm³ 4号プール水 4／12 採取 | 4／28 採取 | 5／7 採取 | 8／20 採取 | 参考 3／4 採取 | [illegible] |
|---|---|---|---|---|---|---|---|
| Cs－134 | 約2年 | 88 | [illegible] | 56 | 44 | 検出限界未満 | 31 |
| Cs－137 | 約30年 | 93 | 55 | 67 | 61 | 0.13 | 32 |
| I－131 | 約8日 | 220 | 27 | 16 | 検出限界未満 | 検出限界未満 | 360 |

９．プラント水素爆発評価　（報告書本編 P. 77 【9】）

①1 号機と 3 号機の水素爆発の原因　（報告書本編 P. 80 【9. 2】）

o〔水素発生原因〕

・炉心損傷に伴い，水ージルコニウム反応等による水素が発生，原子炉建屋内へ水素が漏えい，滞留したことで水素爆発に至ったものと推定。

o〔水素流出経路〕

・原子炉建屋への水素の流出経路は不明。しかし，格納容器上蓋の結合部分，機器や人が出入りするハッチの結合部分等のシール部（シリコンゴム等を使用）が高温に晒され，機能低下した可能性。

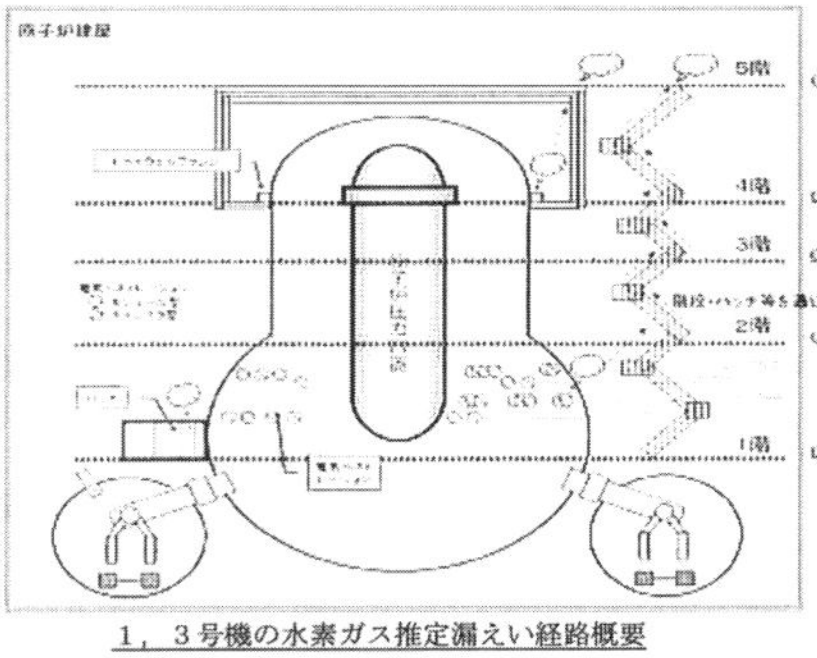


１，３号機の水素ガス推定漏えい経路概要

②4 号機の水素爆発の原因　（報告書本編 P. 77 【9. 1】，P. 80 【9. 2】）

o〔4 号機の水素発生源〕

・4 号機の非常用ガス処理系フィルタトレイン出口側の放射線量が高く，入口側が低いことを確認。汚染された気体が 4 号機の非常用ガス処理系配管を下流（出口）側から上流（入口）側に流れたことを意味。

・現場の状況確認から，4 号機の主たる爆発は，原子炉建屋 4 階の非常用ガス処理系のダクト付近で発生したこと等が判明。

・爆発が発生した現場は，3 号機のベント流が回り込み，4 号機の原子炉建屋 2 階から非常用ガス処理系配管・ダクトを経由して建屋の各所に流れ込んだとの推定と一致。

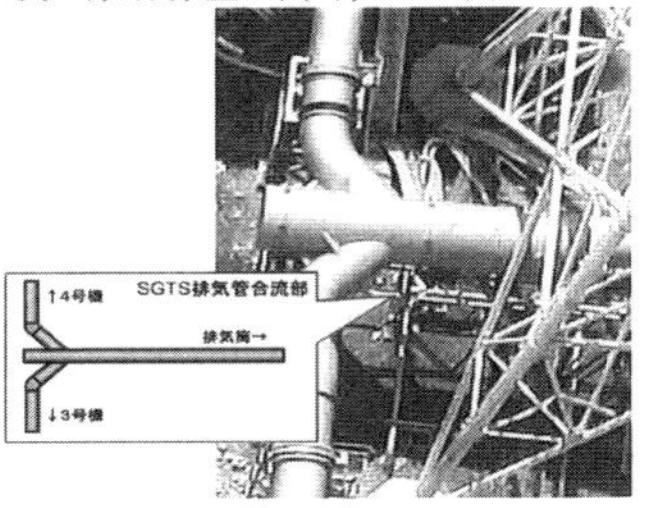


o〔15 日 6 時過ぎの爆発音〕

・4 号機の水素爆発とほぼ同時刻の 15 日 6 時過ぎに，2 号機でも大きな音を確認したが，構内の地震観測の分析結果から，爆発音は 4 号機で発生したことを確認。
従って，2 号機の爆発はないと推定。なお，圧力抑制室の圧力計が 0 MPa［abs］に低下した原因は，計器故障の可能性大。

③爆発防止対応　（報告書本編 P. 56 【8. 3】，P. 79【9. 1】）

o 3 号機の水素爆発回避に向けて，対応策の検討を行うも，火花が散り爆発を誘発する可能性が高いこと等により実現に至らず。（爆発を誘発する危険性が低い「ウォー

タージェットによる原子炉建屋壁への穴開け」については，機器の手配はしたが，3号機の爆発までに発電所へ到達せず）

o 2 号機については，原子炉建屋最上階のブローアウトパネルが 1 号機の爆発の際に開放され水素が滞留せず，爆発に至らなかったと推定。

## １０．事故時の分析と課題の抽出　（報告書本編 P. 85 【10】）

### ①事故時のプラント挙動　（報告書本編 P. 85 【10. 1】）

現時点で収集できた情報及びそれらの情報を基にした事後的な解析結果も含めてプラント挙動を整理。

福島第一 1～3 号機については，地震発生初期の設備状態や運転操作等に関する情報を踏まえて，事故解析コード（Modular Accident Analysis Program, 以下「MAAP」という。）を用いて炉心状態を評価。（下図は，MAAP 解析の例）

o **〔福島第一 1 号機〕**

・ＩＣは，電源喪失により自動隔離が作動し，機能を喪失。
その後，短時間で原子炉水位が低下，炉心が露出して炉心損傷に至ったと推定。

・12 日 3 時頃には，原子炉の減圧操作を実施していないにもかかわらず原子炉圧力が低下。格納容器圧力は反対に上昇しており，炉心の損傷を起因として原子炉圧力容器が圧力を保てなかった可能性を示しており，短時間で炉心の損傷が相当程度進展していたことを示唆。

o **〔福島第一 2 号機〕**

・14 日の原子炉隔離時冷却系停止とともに原子炉水位が低下。主蒸気逃がし安全弁による原子炉の減圧開始前に消防車のポンプを起動し，低圧注水の用意は完了するが，原子炉の減圧操作において主蒸気逃がし安全弁が直ちに動作せず，また，低圧注水が直ちに機能しなかったために，減圧に伴う保有水量急減により冷却が一段と悪化して炉心の損傷に至ったと推定。（3 号機も基本的に同様の結果）

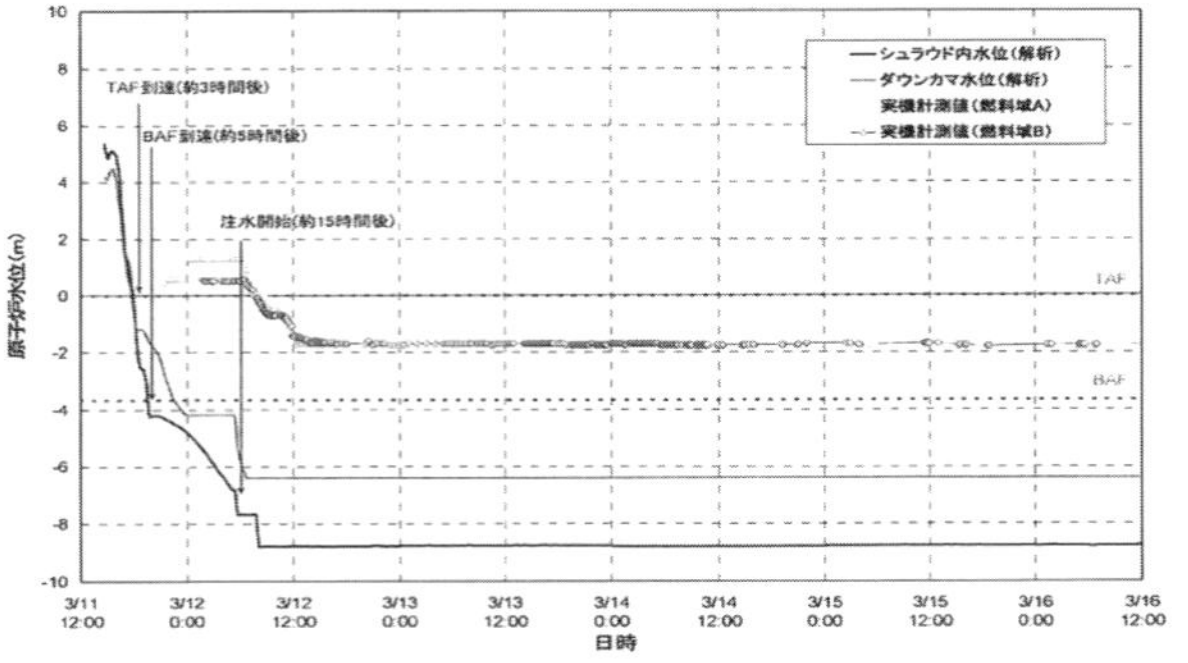


**福島第一１号機　原子炉水位変化の解析例**

福島第二１号機については，これまで整備してきたＡＭ策を有効に機能させる事ができ冷温停止に成功したプラント挙動として評価。

o **〔福島第二 1 号機〕**

・電源と復水補給水ポンプが健全であったため，高圧注水（原子炉隔離時冷却系）

が機能している間に低圧注水（復水補給水系）の運転を開始。高圧系の注水によって水位を維持しつつ，主蒸気逃がし安全弁で減圧操作を行い，低圧注水系で注水できる圧力まで原子炉圧力を減圧し，低圧注水系からの注水を開始。
原子炉水位を維持しつつ，残留熱除去海水系の電源復旧等の作業を進め，最終的には，海水を利用した残留熱除去系による除熱を確保し，原子炉を冷温停止。

**②. 課題の抽出　（報告書本編 P. 85 【10】）**

今回の事故について，プラント挙動，設備機能ならびに事故対応を困難にした障害要素について，以下の観点から課題を抽出。

o〔プラント挙動〕
・現時点で収集できた情報およびそれらの情報を基にした事後的な解析結果も含めて整理・抽出した課題。
（例）速やかに高圧注水設備による注水手段を確保すること

o〔設備機能〕
・事故進展の過程から「地震後の冷却の維持」「高圧注水の維持」など進展ステップ毎に抽出した課題。
（例）設備機能維持のための直流電源の確保が重要

o〔障害要素〕
・事故対応上の重要操作である原子炉への注水，格納容器ベントに関連して，発電所が直面した作業障害を整理・抽出した課題。
（例）瓦礫，照明喪失，放射性物質等の作業環境悪化を考慮すること

今般の事故進展をふまえた，重要な機能の喪失に至る要因の相関を下図に示す。今回の事故は津波による浸水を起因として，多重の安全機能を同時に喪失したことによって発生しており，「長時間におよぶ全交流電源と直流電源の同時喪失」と「長時間におよぶ非常用海水系の除熱機能の喪失」がその要因。

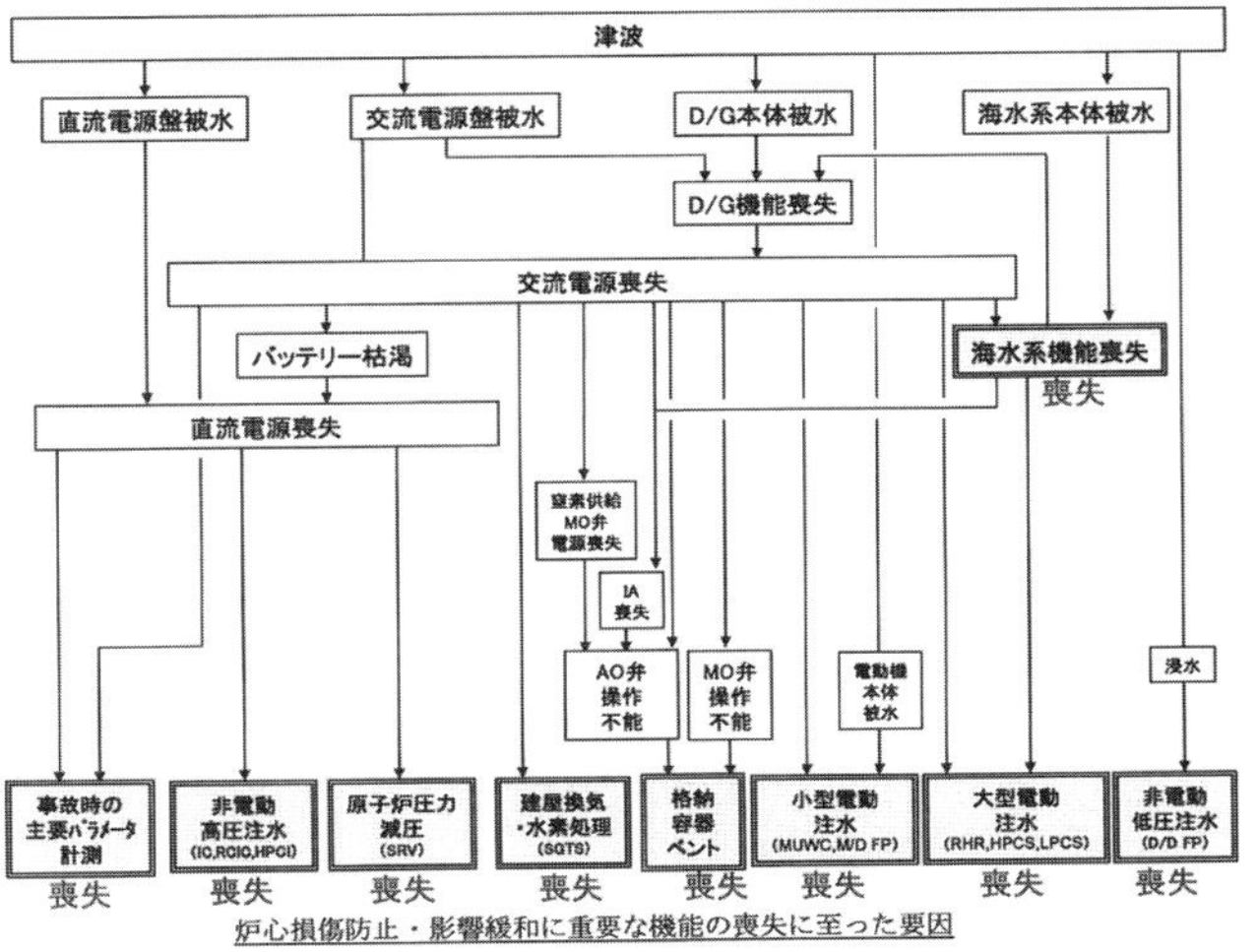


炉心損傷防止・影響緩和に重要な機能の喪失に至った要因

9

## １１．事故原因を踏まえた今後の対応　（報告書本編P.117　【11】）

### ①炉心損傷防止のための対応方針　（報告書本編P.117　【11.1】）

整理・抽出された課題を踏まえ，今回と同様の事故を起こさないために，以下の対応方針を策定。

> **対応方針１〔徹底した津波対策〕**
> ：事故の直接原因である津波に対して，津波そのものに対する対策のほか，今回の事故への対応操作やプラント挙動からの課題を踏まえた，原子炉注水や冷却のための重要機器に対する徹底した津波対策を施すこと。
>
> **対応方針２〔柔軟な対策による機能確保〕**
> ：今回の事故のような（「長時間におよぶ全交流電源と直流電源の同時喪失」や「長時間におよぶ非常用海水系の除熱機能の喪失」による）多重の機器故障や機能喪失を前提に，炉心損傷に至ることを未然に防止する応用性・機動性を高めた柔軟な機能確保の対策を講じること。
>
> **対応方針３〔炉心損傷後の影響緩和策〕**
> ：更なる対策として，炉心損傷防止を第一とするものの，なおその上で炉心が損傷した場合に生じる影響を緩和する措置を講じること。

### ②福島第一原子力発電所事故の具体的対策　（報告書本編P.120　【11.2】）

今回の経験を今後の原子力発電所の運転に生かしていくため，対応方針に則り，具体的対策を提案。実際に有効活用するためには，手順，訓練などソフト面の充実を確実に図っていくことが必要。今後も更なる検討，改善を継続。事故の経過，対策の方針と具体化の方向性の関係は下図を参照。なお，具体的な対策は添付１参照。

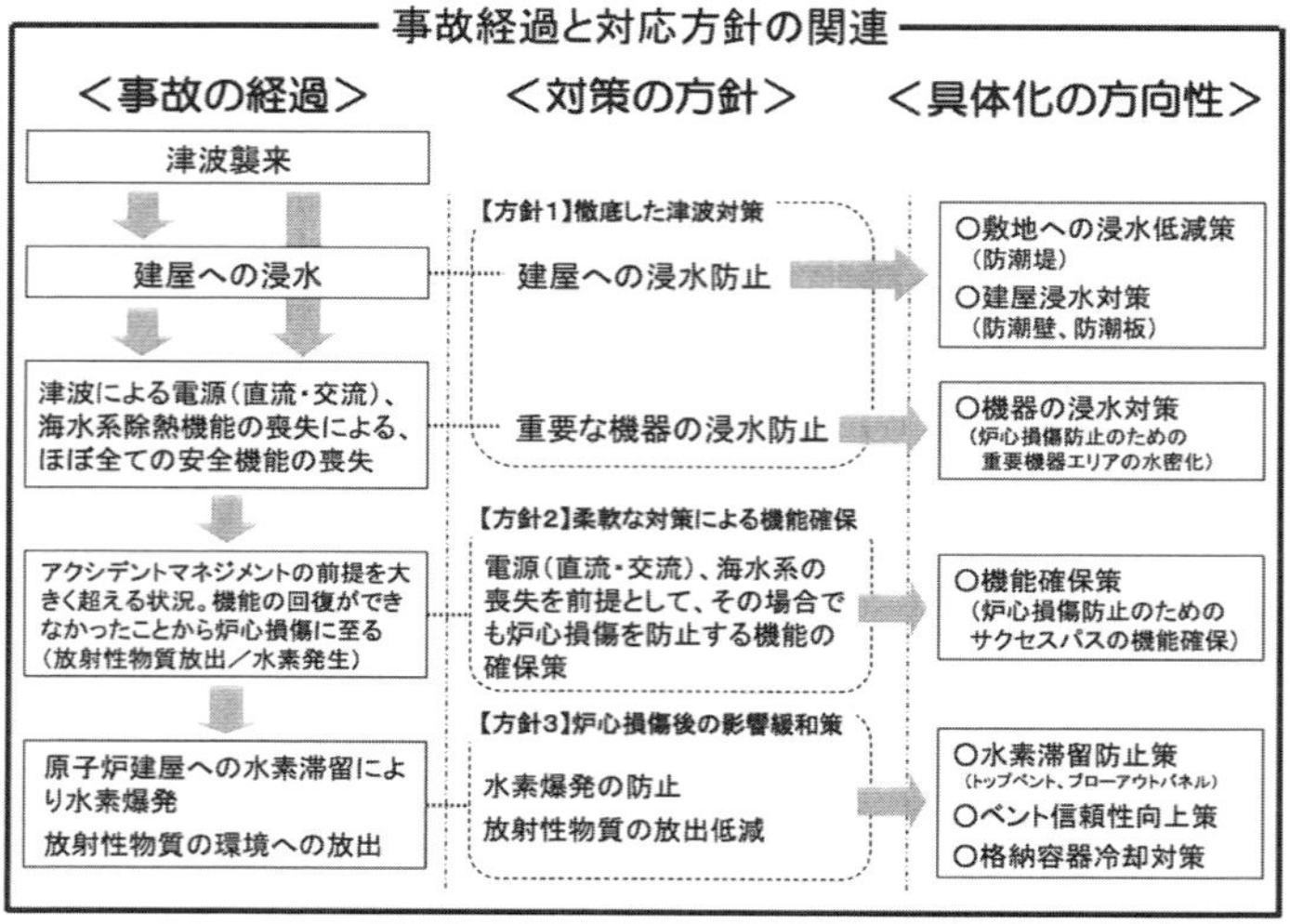

事故経過と対応方針の関連
＜事故の経過＞
＜対策の方針＞
＜具体化の方向性＞
津波襲来
建屋への浸水
津波による電源（直流・交流）、海水系除熱機能の喪失による、ほぼ全ての安全機能の喪失
アクシデントマネジメントの前提を大きく超える状況。機能の回復ができなかったことから炉心損傷に至る（放射性物質放出／水素発生）
原子炉建屋への水素滞留により水素爆発
放射性物質の環境への放出
【方針1】徹底した津波対策
建屋への浸水防止
重要な機器の浸水防止
【方針2】柔軟な対策による機能確保
電源（直流・交流）、海水系の喪失を前提として、その場合でも炉心損傷を防止する機能の確保策
【方針3】炉心損傷後の影響緩和策
水素爆発の防止
放射性物質の放出低減
○敷地への浸水低減策
（防潮堤）
○建屋浸水対策
（防潮壁、防潮板）
○機器の浸水対策
（炉心損傷防止のための重要機器エリアの水密化）
○機能確保策
（炉心損傷防止のためのサクセスパスの機能確保）
○水素滞留防止策
（トップベント、ブローアウトパネル）
○ベント信頼性向上策
○格納容器冷却対策


## １２．結び　（報告書本編P.130　【12】）

以　上

添付１

## 炉心損傷を未然に防止するための対策

（1）敷地及び建屋への浸水対策
防潮堤、防潮板、防潮壁の設置、及び扉や建屋壁貫通部における浸水防止のための止水

（2）高圧注水設備（1時間以内に必要）

対策の考え方

・プラント運転状態から事故停止した場合、当初は原子炉圧力が高いために高圧で注水できる設備が求められる。

・今回の事故では、電動駆動設備が全交流電源喪失（SBO）に伴い使用不可となったことから、蒸気駆動の高圧注水設備が重要となる。

・なお、電動駆動の高圧注水設備を確保する場合は、起動条件の少ない設備を選択することが有効である。

| | | SBO |
|---|---|---|
| RCIC | 蒸気駆動 | ○ |
| SLCまたはCRD | 電動駆動 | × |
| HPCS | | |

原子炉隔離時冷却系（RCIC）

| 必要な設備 | 機器の浸水対策 | 柔軟な対策 |
|---|---|---|
| ポンプ/タービン | RCIC室の止水 | 手動起動手順の確立 |
| 直流電源（バッテリー、電源盤等） | バッテリー室、主母線盤等設置場所の止水（又は配置見直し） | 電源車等の配備 |

ほう酸水注入系（SLC）または制御棒駆動水圧系（CRD）

| 必要な設備 | 機器の浸水対策 | 柔軟な対策 |
|---|---|---|
| SLCポンプ又はCRDポンプ | − | ポンプ設置エリアの止水 |
| 水源 | − | 純水タンクからの補給手順の確立 |
| 交流電源 | − | 非常用D/Gを含む電源設備の止水、電源車等の配備、建屋外でのD/G相当の電源確保 |

（3）減圧装置（4〜8時間以内に必要）

対策の考え方

・プラントの除熱、冷却まで最終的に移行するためには、圧力容器の減圧が必要不可欠。

・今回の事故では電源喪失により減圧装置である主蒸気逃がし安全弁の操作に必要な直流電源が不足。当該弁を駆動するN2に加え、電源確保が必要。

| 必要な設備 | 機器の浸水対策 | 柔軟な対策 |
|---|---|---|
| N2ボンベ | − | 予備ボンベを配備 |
| 直流電源（バッテリー、電源盤等） | バッテリー室、主母線盤設置場所の止水（又は配置見直し） | 可搬式バッテリー配備 |

（4）低圧注水設備（4〜8時間以内に必要）

対策の考え方

・低圧注水設備は、非常系のほか、復水補給水系、消火系が挙げられる。全交流電源喪失（SBO）の場合、本設設備では、消火系のディーゼル駆動消火ポンプ（DDFP）のみ起動可能である。

・今回活用した消防車を含め、安定して確実に注水できる低圧注水設備を用意することが重要。

| | | SBO |
|---|---|---|
| D/DFP | ディーゼル駆動 | ○ |
| MUWC | 電動駆動 | × |

消火系（FP）

| 必要な設備 | 機器の浸水対策 | 柔軟な対策 |
|---|---|---|
| ディーゼル駆動消火ポンプ | ポンプ室止水 | 消防車配備及び連結送水ライン設置、海水使用の手順化 |
| バッテリー | バッテリー室止水 | 可搬式バッテリー配備 |
| ディーゼル用燃料 | 燃料配備（燃料配送含む） | − |

復水補給水系（MUWC）

| 必要な設備 | 機器の浸水対策 | 柔軟な対策 |
|---|---|---|
| MUWCポンプ | ポンプ室止水 | タンク間の水の融通の手順化 |
| 交流電源 | 非常用D/Gを含む電源設備の止水、又は配置見直し | 電源車等の配備、建屋外でのD/G相当の電源確保 |

（5）除熱・冷却設備

①格納容器ベント（1〜2日以内に必要）

対策の考え方

・海水を冷却源とできない場合は、大気を冷却源とした圧力抑制室ベントの実施が必要。

・圧力抑制室ベントの実施には、電動（MO）弁、空気作動（AO）弁を開することが必要。

| 必要な設備 | 機器の浸水対策 | 柔軟な対策 |
|---|---|---|
| 交流電源（MO弁、AO弁用電磁弁） | 非常用D/Gを含む電源設備の止水（又は配置見直し） | 電源車等の配備、可搬式交流発電機又は可搬式バッテリー配備 |
| 圧縮空気（AO弁動作用） | 可搬式空気圧縮機（又はボンベの配備） | AO弁を手動で開操作ができる構造に変更 |

②停止時冷却モードによる除熱（3〜7日以内に必要）

対策の考え方

・海水を冷却源とした残留熱除去系（RHR）の停止時冷却モードが必要。

・このため、電源を確保するとともに、代替ポンプやモータ修理等による最終冷却源である海水系の復旧が必要。

| 必要な設備 | 機器の浸水対策 | 柔軟な対策 |
|---|---|---|
| 交流電源（RHRポンプ） | 非常用D/Gを含む電源設備の止水（又は配置見直し） | ・代替ポンプの配備<br>・可動式熱交換器設備の配備 |
| RCW/RSWポンプ | 予備モータの配備 | |
| 交流電源（RCW/RSW） | 電源室の止水 | 電源車の配備、建屋外でのD/G相当の電源確保 |

③使用済燃料プールの除熱（7〜10数日以内に必要：使用済燃料の崩壊熱による）

対策の考え方

・使用済燃料プールを冷却する燃料プール冷却浄化系（FPC）は原子炉建屋内にあることもあり、津波への耐性が基本的に強い。このため、電源設備の確保が重要。

・また、時間的な余裕を考えたとき、計測設備による監視が重要。

| 必要な設備 | 機器の浸水対策 | 柔軟な対策 |
|---|---|---|
| FPCポンプ | ポンプ室の止水<br>プール内の水位・温度計設置 | ・消防車の配備<br>・消火配管の活用 |
| 交流電源 | 電源設備の止水（または配置見直し） | ・電源車等の配備 |

（6）監視計器の電源確保（1時間以内に必要）

対策の考え方

・今回の事故では、監視計器が機能喪失し、計器の電源復旧に時間を要した。

・このため、速やかな計器用電源の確保が重要。

| 必要な設備 | 機器の浸水対策 | 柔軟な対策 |
|---|---|---|
| 直流電源 | バッテリー室・主母線盤設置場所の止水（または配置見直し） | ・可搬式バッテリー配備<br>・電源車及び可搬式充電器の配備 |

（7）炉心損傷後の影響緩和策

対策の考え方

・今回の事故では、格納容器から建屋へ漏えいしたと考えられる水素の爆発によって、閉じ込め機能喪失のみならず、復旧活動自体が著しく困難となった。

・深層防護の観点から、今回の事故を踏まえた炉心損傷が生じた場合における対策を講じる。

| 項目 | 対策 |
|---|---|
| 水素滞留の防止 | 原子炉建屋の換気促進のため、建屋上へ穴を開ける措置（トップベント）やブローアウトパネルを開放する措置の設備・手順の確立 |
| 放射性物質の放出抑制 | 圧力抑制室ベントと同じ（水を通したベントの確実な実施）<br>消防車等による格納容器への注水手順の準備 |

（8）共通的事項

・上記対策を有効なものとするためには、当該の対応のほか、安全に効率的に動けるように作業を支援する装備や補助設備を充実することが必要。

| 項目 | 対策 |
|---|---|
| 外部電源 | 変電設備の耐震性向上策の検討、送電鉄塔二次被害を及ぼす盛り土の崩壊等の評価、送電系の供給信頼性向上に関する設備形成を図る |
| 瓦礫撤去設備 | 対応活動の阻害要因となる瓦礫を撤去するための設備の配置 |
| 通信手段の確保 | 移動無線や衛星電話の配備、電源の確保など、状況に応じた通信手段を確立 |
| 照明用設備の確保 | 安全、迅速、確実な対応を行うために、両手を使えるようなヘッドライトタイプの照明のほか、広範囲を照らせるような照明設備を配備 |
| 防護設備 | 防護服、マスク、APD、可搬式空気清浄機等の様々な装備品等を余裕を持って配備するとともに、非常用中操換気設備の電源等の早期復旧のため電源車等を配備 |

その他の中長期的技術検討課題

・今回の検討において、炉心損傷を防止するための対策を上記の通り立案したが、そのほかに右記の中長期的技術検討課題が挙げられる。

・これら技術検討課題については、別途検討を進める。

| 項目 | 内容 |
|---|---|
| 隔離信号のあり方の整理・検討 | 今回の事故において、非常用復水器が直流電源喪失により隔離され冷却機能を喪失したことから、隔離信号のあり方について整理・検討を行う。 |
| ベントラインの信頼性向上 | 放射性物質を大幅に除去する形でのベントの信頼性を向上するために、ラプチャーディスクを積極的に作動させる方策など、不用意な放出につながらないことに留意した上で検討を進める。 |
| ベント時の放射性物質低減に関する検討 | 放射性物質の放出を低減するために、フィルタを介して放出するフィルタベントの設計検討を行う。 |
| 計測計器の信頼性向上 | 今回の事故時に水位計が大きく実際と異なって指示していた事例を踏まえ、事故時に必要な計測装置を研究・開発する。 |

# あとがき

二〇一一年三月十一日に発生した東日本大震災から、すでに一年が経過した。しかし、被災によって破損した東京電力福島第一原発の状況は、現在もなお安心し得るという状態には程遠いのが現状だ。にもかかわらず、二〇一一年十二月十六日には、内閣総理大臣野田佳彦氏は記者会見の席上で「発電所の事故そのものは収束に至ったと判断される」と発言。福島第一の事故について収束を宣言した。

だが、それは東電が発信した、福島第一原発の事故収束に向けた工程表ステップ2、すなわち「冷温停止状態の達成」を机上でなぞっただけの、実にお粗末なものであった。

かりに東電が言うように福島第一の原子炉施設がいわゆる冷温停止状態を達成できたとしても、単に技術的な点において一つの条件をクリアしたに過ぎない。いわば、事態の解決に向けた一段階を進んだだけであって、漏れ出した放射性物質の問題、そして地域の農産業や漁業への深刻な影響、何よりいまだに自宅に戻ることのできない数多くの避難住民の問題など、数々の山積した諸問題を見れば、「収束」などという表現を気安く口にすることがいかにふさわしくないか、避難している地域住民はもとより、不安におびえる国民に対して配慮のないものであるかは、すぐに理解できるはずであろう。

当然、この野田氏の発言にはたちまち各方面から「収束などとは言いがたい」と非難が起こった。そのため野田氏は、発言から二日目の十八日、「表現が至らなかったと思って反省している」などと謝罪した。

だが、事態は単に野田氏の表現に配慮がなかったというだけのことではない。事故原因の検証を進めている国会の事故調査委員会までも、福島第一の現状を視察した上で、「野田首相の収束宣言には納得がいかない」と不快感を示した。

また、冷温停止状態が達成して「収束」したはずの原子炉施設でも、その後に何度もトラブルが報じられている。

はたして、本当に福島第一の施設は「収束」したのか。はなはだ疑わしいと言わざるを得ない。

このような現状を見る限り、福島第一の現状が「落ち着いた」などと感じられる材料はほとんど見当たらない。また、避難住民や復興の問題など、多くの問題もまたその全容が見えにくい状況となっている。

本書では震災から現在に至るまでの、原発事故とそれに関係した事柄についていくつかの項目に沿ってまとめたものである。もちろん、それらはすべて現在進行形であり、まだ収束も決着もしていないものがほとんどである。

本書の制作には、数多くの方々から多くのご協力とご支援をいただいた。深く感謝申し上げたい。同時に、さまざまな情報や資料をご提供いただきながら、まとめ切れなかった事柄もはなはだ多い。自らの力不足、至らなさを恥じ入るばかりである。

毎度のことながら、鹿砦社社長の松岡利康氏には、多大なご迷惑をおかけしながら、最後まで叱咤激励を賜った。いくら感謝しても足りない。同じく本書の編集をご担当いただいた風塵社の腹巻おやじ氏にも、たいへんなご迷惑をおかけした。お詫びとお礼を申し上げる次第である。

二〇一二年三月

橋本玉泉

〔著者紹介〕
**橋本玉泉**（はしもと・ぎょくせん）

1963年、横浜市出身。トラック運転手、学習塾の時間講師、コンビニの雇われ店長、経営実務資料の編集、販促ツールなどの営業、フリーペーパー記者、派遣労働者、夜間工場内作業員など複数の職業を経験。91年からフリーライターとして活動し、企業経営に関する事例取材を4年程続けるが、景気低迷によって仕事が激減。活動の場を一般的なメディアに移し、雑誌やムックなどに幅広く執筆。

現在では、世相、庶民生活、風俗、娯楽、文化などといったジャンルのほか、事件や犯罪に関するレポートも手がける。ジャンルを問わず、常に「庶民の視線」からの取材を心がけている。著書『色街をゆく』（彩図社）など。

東電・原発副読本——3・11以後の日本を読み解く

2012年3月15日初版第1刷発行

著　者——橋本玉泉
発行者——松岡利康
発行所——株式会社鹿砦社（ろくさいしゃ）
●東京編集室
東京都千代田区三崎町3－3－3　太陽ビル701号　〒101-0061
Tel. 03-3238-7530　Fax.03-6231-5566
●関西編集室
兵庫県西宮市甲子園八番町2－1　ヨシダビル301号　〒663-8178
Tel. 0798-49-5302　Fax.0798-49-5309
URL　http://www.rokusaisha.com/
E-mail　営業部○ sales@rokusaisha.com
　　　　編集部○ editorial@rokusaisha.com

印刷所——吉原印刷株式会社
製本所——株式会社越後堂製本
装　丁——鹿砦社デザイン室

Printed in Japan　ISBN978-4-8463-0864-3　C0030
落丁、乱丁はお取り替えいたします。お手数ですが、弊社までご連絡ください。